Gerhard Lichter

Versteinerungen

Herausgegeben von Gunter Steinbach
Fotografiert vom Autor
Illustriert von Andreas Dauenhauer
und Fritz Wendler

Mosaik

Inhalt

Seite

4 Zum Buch
6 Einführung:
6 Was sind Versteinerungen?
6 Auf dem Weg zum Fossiliensammler
7 Paläontologie, die Lehre von den Lebewesen vergangener Erdepochen
8 Wann können Fossilien entstehen?
8 Verteilung der Fossilien
9 Wie Fossilien entstehen
9 Fossilisation von Weichteilen
10 Fossilerhaltung am Beispiel eines Muschelgehäuses
12 Fossilisation von Hartteilen
12 Die Fossilisation in Sand
14 Die Fossilisation in Tonablagerungen
14 Die Fossilisation in Kalkablagerungen
16 Lebensspuren

18 Einzeller
20 Schwämme

22 Nesseltiere

22 Korallen

32 Weichtiere

32 Grabfüßer
34 Muscheln
46 Schnecken
58 Kopffüßer:
60 *Nautiliden*
64 *Ammoniten*
88 *Tintenfische*
88 *Belemniten*
92 Tentakuliten
92 Hyolithen

94 Gliedertiere

94 Ringelwürmer
94 Gliederfüßer:
96 *Trilobiten*
102 Fühlerlose:
102 *Schwertschwänze*
104 *Breitflosser*
104 *Skorpione/Spinnen*
106 Kieferträger:
106 *Krebse*
114 Röhrenatmer:
114 *Tausendfüßer*
114 *Insekten*

118 Moostierchen
120 Armfüßer
130 Graptolithen

132 Stachelhäuter

132 Seelilienartige:
134 *Knospenstrahler*
134 *Beutelstrahler*
136 *Seelilien*
144 Seesternartige:
144 *Seesterne*
144 *Schlangensterne*
146 Seeigelartige:
146 *Seeigel*

156 Wirbeltiere

156 Fische:
156 *Kieferlose Fische*
158 *Panzerfische*
158 *Knorpelfische*
162 *»Stachelhaie«*
162 *Knochenfische*
166 Vierfüßer:
166 *Lurche*
168 *Kriechtiere*
170 *Vögel*
170 *Säugetiere*

174 Pflanzen

174 Nackt-Pflanzen
174 Bärlapp-Pflanzen
176 Schachtelhalm-Pflanzen
176 Farn-Pflanzen
178 Samenpflanzen:
178 *Koniferen-Pflanzen*
178 *Cycadeen-Pflanzen*
180 *Blütenpflanzen*

182 Register

190 Literatur und Urheber
191 Nachweis der Versteinerungen
192 Verzeichnis der Bände

Anhang Ausfalttafel:
Die Entwicklung des Lebens auf der Erde
(Evolution)

*Barsch **Amphiperca** (16 cm), Tertiär, Wyoming, USA.*

Zum Buch

Versteinerungen oder Fossilien üben schon deshalb eine starke Anziehungskraft auf Menschen aus, weil sie jeder Interessierte selbst finden kann. Man entdeckt etwa auf einer Bergwanderung oder in einem Steinbruch einen »Schneckenstein«, hebt ihn auf oder löst ihn aus dem umgebenden Gestein und darf ihn in der Regel sogar behalten! Unser Band trägt durch Aufbau und Darstellung dem Sammler Rechnung. Einführende Kapitel machen den interessierten Anfänger mit den wichtigsten Begriffen der Fossilienkunde soweit vertraut, dass er sich auf beliebige Weise weiterbilden und in die faszinierende Welt versteinerter Zeugen der Evolution der Lebewesen einsteigen kann.
Steine lügen so wenig wie Sterne. Aber um ihre Sprache wenigstens in Aspekten verstehen zu lernen, bedarf es einiger Grundkenntnisse. Die Entwicklungsgeschichte umfasst Entstehung und Werdegang der Lebewesen vom Bakterium bis zum Menschen, aber auch ihre Dauer und Bewegung durch die Erdzeitalter von zusammen nahezu vier Milliarden Jahren. Ein Buch diesen Umgriffs muss das meiste des verfügbaren Stoffes weglassen! Aber nicht das Wichtigste.
Dem Autor gelingt dank jahrzehntelanger praktischer Erfahrung als erfolgreicher Sammler und gestützt auf die umfassenden Vorarbeiten seines Freundes und Lehrers Prof. Dr. Karl Beurlen, Verfasser des Vorgängerbandes, ein beispielhaft klares und von ihm selbst fotografisch eindrucksvoll dokumentiertes Werk für Laien und für Fachkundige gleichermaßen. Er wahrt überall den praktischen Bezug zum Fossiliensammler einerseits, bleibt andererseits stets am roten Faden der Wissenschaft. Ihr in vielen Forschergenerationen zusammengetragenes Wissen erlaubt die Einordnung jeder Verstei-

Erst sorgfältig präpariert kann aus dem Ammonitenfund auch ein Glanzstück der Sammlung werden.

nerung in ein sinnvoll gegliedertes Ganzes sowohl nach ihrer Zugehörigkeit zu einem biologischen Formenkreis als auch nach ihrem Platz in der Chronologie der Lebensentfaltung.

Der Hauptteil unseres Bandes zeigt auf den rechten Seiten kennzeichnende Fundbeispiele aller wesentlichen Tier- und einiger Pflanzengruppen, auf den linken Seiten die dazugehörigen Entfaltungsschemen, Grafiken oder weitere Detailfotos sowie straff gehaltene Texte mit Basisinformationen zu den behandelten Gruppen und zu den einzelnen Fotos bzw. Grafiken. Im Leser wird der Betrachter angesprochen. Er lässt sich ohne seitenlange Texte unmittelbar ins Bild setzen.

Eine auf die Größe unserer Ausfalttafel verdichtete Zusammenschau (Synopsis) von Lebensformen in der Abfolge der Erdzeitalter dient der Information auf einen Blick, wenn eine Versteinerung oder ein Bild von ihr erste Zuordnung erfahren soll. Die Beschäftigung mit den Zeugen der Evolution lässt uns immer wieder Kreativität und Weisheit der Natur bewundern, von der wir selbst ein Teil sind.

Gunter Steinbach

Einführung

Was sind Versteinerungen?

Versteinerungen (Fossilien) sind Organismenreste, die man in Ablagerungsgesteinen der Erdrinde mehr oder weniger verändert (versteinert) finden kann. Auch versteinerte Spuren von Organismen (z.B. Fährten, Wohnbauten oder Grabgänge) gehören als indirekte Zeugnisse früheren Lebens, als Lebensspuren bzw. Spurenfossilien, dazu.

Das Wort »fossil« ist vom lateinischen *fossilis* abgeleitet und bedeutet alles aus der Erdrinde Ausgegrabene. Tiere und Pflanzen der Gegenwart bezeichnet man als »rezent«. Im Übergangsbereich zwischen fossil und rezent (ohne genaue Zeitgrenze) nennt man vorgeschichtliche (prähistorische) Funde auch »subfossil«.

Plateosaurier, genannt »Der Schwäbische Lindwurm«, im Naturkundemuseum Stuttgart.

Auf dem Weg zum Fossiliensammler

Die Begeisterung für schöne und eigentümlich geformte Gesteine mag uns »in die Wiege gelegt« worden sein. All das, was wir gewöhnlich mit den Füßen treten, beobachten wir unter diesem Gesichtspunkt genauer und empfindsamer.

Wir können uns schneller und genauer Wissen aneignen: in vielen didaktisch modern eingerichteten naturkundlichen Abteilungen der Museen, in auch für den Laien lesbaren und verständlichen, mit Wort und Bild umfassend informierenden Fachzeitschriften, Sachbüchern und besonders durch Gleichgesinnte in regionalen und überregionalen Geologie-Vereinigungen. So erfährt man, wo fossilführendes Gestein zugänglich (»aufgeschlossen«) ist und wo man eine Erlaubnis zum Betreten und Fossiliensammeln erhalten kann.

Abgesehen von seltenen Funden am Wegesrand braucht man die Zustimmung der Eigner (für natürliche Aufschlüsse wie Berghänge und Bachrisse) oder der Betreiber (bei künstlichen Aufschlüssen wie Baugruben, Straßenbauten, Steinbrüchen, Sand- und Tongruben).

Genauere Informationen zum Sammeln von Fossilien holt man sich bei

Fossiliensammler an aufgefalteten Sedimentschichten in der Schweiz: Absammeln von Kleinfossilien.

den genannten Informationsquellen. Hier sei noch allgemein auf die Gefahren im Umgang mit Steinen, besonders in Steinbrüchen und Sand- und Tongruben hingewiesen. Ein Schutzhelm ist immer Pflicht. Dennoch darf man sich nicht unter steilen Bruch- und Grubenwänden aufhalten. Feste Kleidung, Handschuhe und Schutzbrille gehören dazu und immer offene Augen zum Schutz für sich und andere und zum Entdecken der versteinerten Reste aus Urzeiten.

Paläontologie, die Lehre von den Lebewesen vergangener Erdepochen

Während sich die Biologie mit den heute lebenden (rezenten) Lebewesen beschäftigt, setzt sich die Paläontologie mit einer überaus großen und ständig zunehmenden Zahl von sehr unvollständigen, »toten« Organismenresten, den Fossilien aus vielen hundert Millionen Jahren, auseinander. Sie zeigt und erklärt mit modernen Methoden und Verfahren den Weg des Lebens auf der Erde. Dazu müssen die einstigen Organismen und Lebensgemeinschaften möglichst vollständig und eindeutig aus den unvollkommenen Fossilresten rekonstruiert werden.

Erst vor etwa dreihundert Jahren entdeckte man, dass sich jede übereinander liegende Gesteinsschicht durch typische Fossilien von anderen Schichten unterscheiden lässt.

Mithilfe dieser Leitfossilien konnten die Ablagerungen (Sedimente) in deutlich gekennzeichnete Abschnitte, in die Formationen gegliedert werden. Es entstand die noch heute gültige relative erdgeschichtliche Zeitfolge, an deren Verfeinerung die Paläontologen auch heute noch mithilfe von Leitfossilien arbeiten.

Die Paläontologie gliedert sich in die Allgemeine Paläontologie (u.a. Fossilisation, Biostratonomie, Fossildiagenese, Palökologie, Palichnologie), in die Spezielle Paläontologie (u.a. Paläobotanik, Paläozoologie, Mikropaläontologie) sowie in die Angewandte Paläontologie mit der Leitfossilkunde zur Zeit- und Altersbestimmung (Biostratigraphie und auch Mikropaläontologie).

Wann können Fossilien entstehen?

Die Natur hinterlässt unter den normalen Bedingungen der Erdoberfläche keine Abfälle. Alle Organismenreste gehen als Grundlage neuer Bildungen wieder in den Stoffkreislauf ein. Um erhalten zu bleiben, müssen sie durch Ablagerungen in ein sich neu bildendes Gestein eingeschlossen und damit vor den zerstörenden Einflüssen geschützt werden. Fossilien können daher nur in Ablagerungsgesteinen (Sedimentgesteinen) vorkommen, also in Sand-, Ton- und Kalk-Gesteinen. In kristallinen, aus dem Magma entstandenen oder unter den hohen Drucken und Temperaturen der tieferen Erdkruste umkristallisierten Gesteinen kann man keine Fossilien finden.

Auf dem Festland überwiegen Abtragung und Verwitterung und nur örtlich entstehen einbettende Ablagerungen in Seen, Mooren, Flüssen, Tälern oder Dünen. Da in den Meeren Ablagerung vorherrscht, sind dort die Voraussetzungen zur Einbettung von Organismenresten wesentlich günstiger. Dadurch liefern die fossilen Reste aus Meeresablagerungen ein vollständigeres Bild mariner Lebewesen, während die Lebewelt des Festlands viel lückenhafter übermittelt wird.

Verteilung der Fossilien

Bei stetiger, rascher Einbettung von Organismenresten werden diese noch am Lebens- bzw. Todesort eingebettet (autochthon). Die Fossilgemeinschaft spiegelt dann weitgehend auch die Lebensgemeinschaft (Biozönose) der ursprünglichen Besiedlung wider.

Scheibe eines Mammut-Stoßzahns aus dem sibirischen Eis.

Bei sehr langsamer oder unterbrochener Sedimentation können abgelagerte Schichten wieder entfernt oder umgelagert werden. Bei den Organismenresten tritt in diesem Fall vor der verzögerten Einbettung eine Auslese ein: hinfälligere Reste werden zerstört, andere nach Größe und Gestalt sortiert und zusammengespült, sie werden nicht am Lebens- bzw. Todesort eingebettet (allochthon). Es bildet sich eine neue Fossilgemeinschaft, die als Grabgemeinschaft (Taphozönose) bezeichnet wird.

Grabgemeinschaften kommen sehr viel häufiger vor, da die Lebensgemeinschaft des Meeresgrunds (Benthos) meist durch abgesunkene Schwebeorganismen (Plankton) und aktive, schwimmende Organismen (Nekton) verändert wird.

Wie Fossilien entstehen

Ein frisch eingebetteter Organismenrest unterliegt den gleichen Einflüssen, die die Ablagerung bis zur Umwandlung zum Sedimentgestein (Diagenese) durchmacht. Die Umwandlung eingeschlossener Organismenreste zu Fossilien bezeichnet man als Fossilisation. Schon unmittelbar nach der Einbettung setzen vorwiegend chemische Vorgänge ein, die sich abhängig von der Art des entstehenden Gesteins und von der geologischen Entwicklung fortsetzen.

Fossilisation von Weichteilen

Die leicht zersetzlichen organischen Verbindungen der Weichteile können sich durch Oxidation in die einfachen Grundbestandteile auflösen. Das ist die Verwesung, die normalerweise auch im Meer noch vorhandene Weichteile vor ihrer Einbettung zersetzt. Ausnahmen bilden z.B. eiszeitliche Tierkadaver im sibirischen Inlandeis, die sich bis zur Gegenwart erhalten haben, mumifizierte Tierreste in extrem trockenen Wüstengebieten oder Tiere, die in Asphaltsümpfe (aus oberflächlich austretendem Erdöl) eingesunken sind.

Ein Sonderfall für sehr vollständige Fossilerhaltung ist der aus Baumharz entstandene Bernstein. Im flüssigen Harz eingeschlossene kleine Organismen (meist Insekten) werden mit allen Einzelheiten ihrer ursprünglichen Lebenshaltung fossilisiert.

Fledermaus, z.T. mit Weichteilerhaltung, Tertiär-Eozän, Grube Messel, D.

Durch verwesende Organismenreste können in tieferen, abgeschlossenen Meeresbecken, aber auch in vergleichbaren Seen ohne Wasseraustausch die Sauerstoffvorräte verbraucht werden. Dann kann durch Fäulnis aus den Weichteilen Kohlenwasserstoff (Bitumen) als Faulschlammsediment und später daraus ein bituminöser Schiefer entstehen. Dabei werden die ursprünglichen Strukturen der Weichteile zerstört. Nur von größeren und widerstandsfähigeren Tieren können Körper- und Weichteilabdrücke erhalten bleiben wie z.B. im Hunsrückschiefer (Devon) oder im Posidonienschiefer Süddeutschlands (Jura).

Ähnlich kann in Mooren und verlandenden Seen Torf und daraus später Braunkohle und durch geologische Einflüsse auch Steinkohle entstehen, chemisch umgewandelte organische Substanzen ohne identifizierbare Versteinerungen.

Fossilerhaltung am Beispiel eines Muschelgehäuses

Einzelklappe
im Sediment eingebettet.

Beide Klappen
fest geschlossen. Sediment konnte nicht eindringen. Bei Kopffüßern häufig.

Beide Klappen
noch zusammen, aber Sediment dringt ein. Häufig bei Muscheln.

Schalenerhaltung

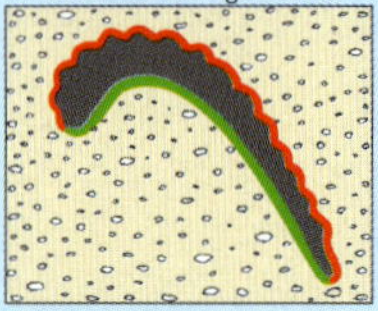

Schalenerhaltung
Strukturen der Außen- und Innenseite bleiben.

Schalenerhaltung
mit **Hohlraum** im Platz des früheren Weichkörpers.

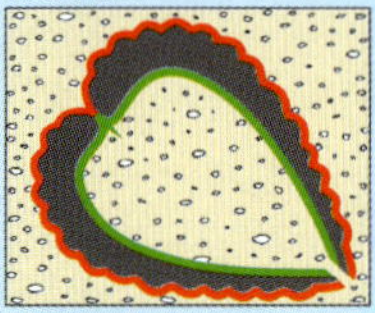

Schalenerhaltung
bei Schalenablösung als Steinkern.

Schalen weggelöst, Negativ-Strukturen

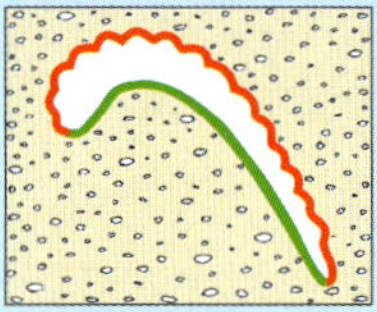

Fossil-Hohlraum
Negativ-Strukturen innen und außen.

Fossil-Hohlraum
Negativ-Außenstruktur.

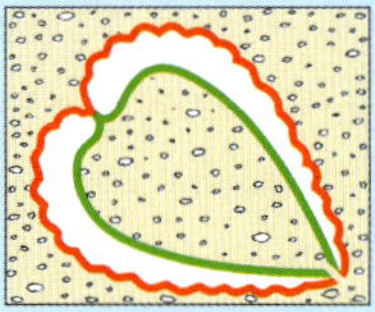

Schalen-Hohlraum
mit negativen Strukturen. Ein **Steinkern** entsteht.

Hohlräume sekundär ausgefüllt

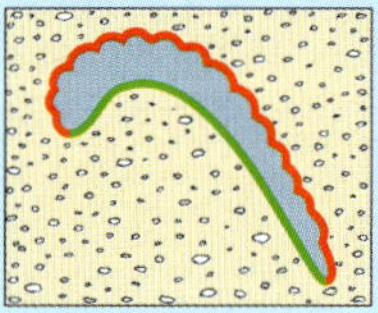

Schalenerhaltung
Die Strukturen bleiben.

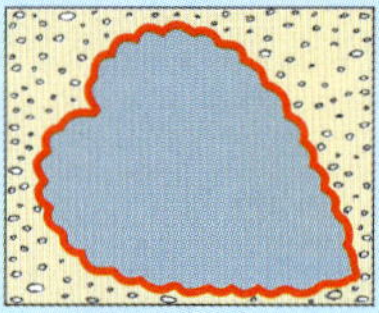

Fossil-Abdruck
Die Außenstruktur bleibt.

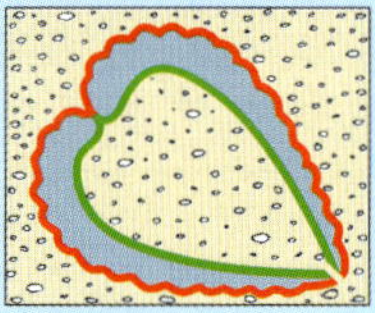

Schalenerhaltung
durch Sekundärsubstanz.

Sonderfälle

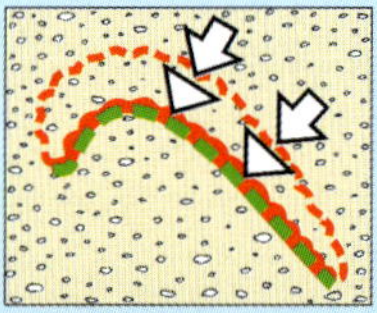

Präge-Steinkern
Außenstruktur wird auf Innenabdruck gepresst.

Kristalldruse
Durch Mineralausscheidung im Hohlraum.

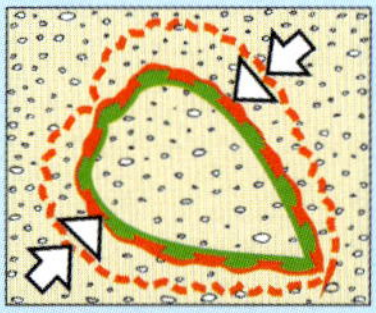

Prägesteinkern
Der Schalenhohlraum wird zusammengepresst.*

Sonderfälle

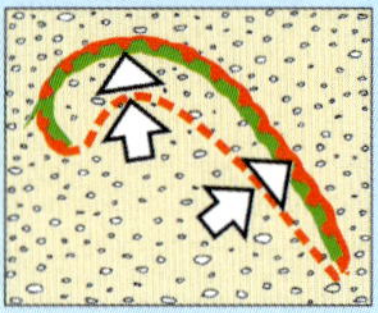

Präge-Abdruck
Innenstruktur wird auf negative Außenstruktur gepresst.

* Am Prägesteinkern Strukturen der Innen- und Außenschale. Vorwiegend bei dünnschaligen Muscheln und Ammoniten

Außenschale

Innenschale

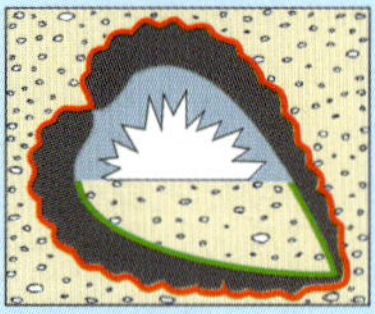

Wasserwaage
Sediment oder Sekundärsubstanz bildet den damaligen Horizont ab. Darüber Hohlraumrest mit Kristallen.

Steinkern einer Turmschnecke (9 cm) aus dem Tertiär-Eozän von Italien.

Schalenerhaltung einer Flügelschnecke (10 cm), Unterkreide, Österreich.

Kristalldruse mit violett gefärbten Kalzitkristallen im Hohlraum einer Muschelschale (9 cm) aus dem Mitteljura von Süddeutschland.

Wasserwaage in Seeigel Echinolampas (5 cm) aus dem Tertiär-Oligozän von Bünde, Westfalen, D.

Pyrit-Ammonit Kosmoceras (4 cm, Medianschnitt) mit Pyritkristallen in den Kammern aus dem Mitteljura von Russland.

Fossilisation von Hartteilen

Viele Organismen besitzen Hartteile (Schalen, Skelette), um ihren Weichkörper zu stützen und zu schützen. Diese Hartteile können verschieden aufgebaut sein: aus organischer Skelettsubstanz (horn- und chitinähnlich) oder mineralisiert (aus Kieselsäure, oft aus Kalziumkarbonat in Form von Kalzit oder Aragonit oder aber aus phosphorsaurem Kalk bei den Wirbeltierknochen). Sie bleiben als widerstandsfähige Reste länger erhalten. Man findet deshalb fossil normalerweise nur Hartteilreste.

Über längere Zeiträume werden organische Substanzen auch zerstört. Dadurch bleiben überwiegend Fossilgemeinschaften von Organismen mit mineralisierten Hartteilen übrig. Die fossile Erhaltung von Kalzit-Hartteilen ist günstiger als die der löslicheren Aragonit-Hartteile. Aragonitschalen werden jedoch häufig zu Kalzit umkristallisiert.

Die Fossilisation in Sand

Sandablagerungen verfestigen sich ohne wesentlichen Volumenverlust zu Sandstein. Sie bleiben dabei porös, sodass darin Wasser zirkulieren kann. Organismenreste (Schalen, Skelettreste) können dadurch aufgelöst werden. Geschieht das vor der Verfestigung, werden die entstandenen Hohlräume durch den Gebirgsdruck geschlossen und dadurch verschwinden die Organismenreste, zuerst die aragonitischen und später die stabileren kalzitischen. Nach der Verfestigung entstandene Hohlräume bleiben als Fossil-Negativ übrig. Durch Ausgießen mit einer elastischen Masse lässt sich ein Abguss des Fossils herstellen. Das zirkulierende Wasser kann den Hohlraum durch Mineralausscheidung mit einer Sekundärsubstanz ausfüllen, wodurch sich ein natürlicher, formgetreuer Fossilabdruck bildet.

Auch ein von Schalenresten umschlossener Weichkörper kann einen Hohlraum ergeben, der seinerseits durch Mineralausfüllung wieder gefüllt werden kann. Im Hohlraum entsteht dann womöglich eine Kristalldruse oder aber eine kompakte Ausfüllung, der Steinkern. Bei nicht komplett geschlossenem Hohlraum kann sich auch durch eindringendes Sediment ein Steinkern bilden. Am Steinkern finden sich mitunter noch Hinweise auf den Aufbau des Weichkörpers (z.B. Muskelhaftstellen).

1 *Suche nach Haifischzähnen im tertiären Meeressand.*
2 *Prägesteinkern einer Muschel (5 cm) aus der tertiären Meeresmolasse von Süddeutschland.*
3 *Haizahn (2,5 cm) von Isurus aus der tertiären Meeresmolasse von Süd-D.*
4 *Ammonitenfund Strigoceras (8 cm) in Schalenerhaltung (⇨ Foto Seite 78), Mitteljura, Normandie.*
5 *Sammeln im Eisenoolith einer stillgelegten Bergwerkshalde, Schweiz.*

Die Fossilisation in Tonablagerungen

Mit fortschreitender Sedimentation wird mit zunehmendem Gebirgsdruck der hohe Wasseranteil aus den frischen Tonablagerungen ausgepresst, der massige Ton wird auf einen Bruchteil zu Tonschiefer zusammengedrückt. Komprimierfähige Organismenreste müssen diesen Vorgang mitmachen (Pelomorphe Verdrückung). Dabei kann es zu einer bruchlosen Zusammendrückung kommen, wenn der Kalkanteil der eingebetteten Reste durch eine schwach saure Reaktion in der Ablagerung aufgelöst, die elastischen, organischen Skelettsubstanzen nicht angegriffen und daher erhalten bleiben (z.B. im Ölschiefer des Unterjura in Süddeutschland).

Da die nicht porösen Tonschichten kein Wasser durchlassen, wird der bei der Verwesung der Weichteilreste verbrauchte Sauerstoff nicht mehr ersetzt. Es kommt zu einem Sauerstoffmangel, der zu schwach bituminösen Tonschiefersedimenten führt.

Mit beginnender Sedimentation bildet sich besonders im Umkreis von Kadavern (Schwefel-Lieferanten) Schwefelkies (Pyrit, Eisensulfit). Oft entwickeln sich Pyrit-Konkretionen an und um die Organismenreste. Schwefelkies tritt auch häufig an die Stelle des sich auflösenden Kalkes der Schalen und Skelettreste, die durch diese Verkiesung ihre Form und Größe behalten. Besonders tritt er in Ablagerungen mit Sauerstoffmangel auf.

Die Fossilisation in Kalkablagerungen

Fossilien bleiben in den nicht komprimierbaren Kalkablagerungen meistens körperlich erhalten. Eingebettete kalkige Reste werden hier durch die meist kalkgesättigten, zirkulierenden Wässer weniger angegriffen, das führt häufiger als im Sandstein zu Fossilien mit Schalenerhaltung. Aragonitische Reste werden oft weggelöst oder in Kalzit umgewandelt.

Die Kalkablagerungen enthalten häufig einen Tonanteil und werden mit zunehmendem Tongehalt von Kalkmergeln zu Mergelton. Mit höherem Tonanteil treten Fossilisationsbedingungen auf, die sich denen in reinen Tongesteinen nähern (Verdrückungen, Pyrit und Verkiesung).

In Meeren mit reich entfalteten, Kieselskelette bildenden Organismen (z.B. Kieselschwämme) gelangt deren relativ leicht lösliche Skelettkieselsäure in das Meerwasser. Dort fällt die Kieselsäure wegen ihrer geringen Löslichkeit im Wasser bald wieder in ihrer beständigeren Form als Chalcedon (Feuerstein) aus. Organismenreste können dabei durch Verkieselung fossilisiert werden.

1 Fossiliensammeln im Mergelton der Kreide, Provence, Frankreich.

2 Bergen von Schiefertonfossilien des Unterjura in Süddeutschland.

3 Pyrit (Markasit)-Konkretion mit zusammengedrückten Ammoniten im Schieferton, Unterjura.

1

2

3

Lebensspuren (Spurenfossilien)

Die Verursacher von Spuren urzeitlichen Lebens bleiben meist unbekannt, doch ihre Spuren sind immer in ihrem damaligen Lebensumfeld (autochthon) erhalten, entweder auf der Schichtoberfläche (exogen) oder im Sediment (endogen). Besonders gut bleiben sie in sandigen Ablagerungen erhalten. Spuren informieren über damalige Lebensbedingungen und über Aktivitäten ihrer Verursacher, deshalb entwickelte sich dafür ein spezielles Forschungsgebiet (Ichnologie).

Ruhespuren *(Cubichnia)*

Von Lebewesen, die sich kurzzeitig im See- oder Meeressediment eingraben, bleiben fossil oft die Ruheplatzformen oder deren Ausfüllungen erhalten (⇨ S.144).

Wohnbauten *(Domichnia)*

Einige Lebewesen (z.B. Muscheln) bohren röhrenförmige Wohnbauten.

Fressbauten *(Fodichnia)*

Schlammfresser bauen bei ihrer Nahrungssuche im Sediment oft bergwerksähnliche Fraßgänge, die fossil an Pflanzen erinnern und deshalb früher fälschlicherweise als »Seegrasschiefer« bezeichnet wurden.

Weidespuren *(Pascichnia)*

Weidespuren können zopfartig oder mäanderartig verlaufen.

Helminthoidea, Weidespur, Kreide-Tertiär. Wohl von wurmartigen Tieren.

Kriechspuren *(Repichnia)*

Am Gewässergrund (Benthos) lebende Tiere ohne spezielle Extremitäten, wie z. B. Muscheln, verursachen den Weidespuren ähnliche Kriechspuren.

Schreitfährten *(Gradichnia)*

Tiere mit kräftigen Gliedmaßen hinterlassen oft eindrucksvolle Fährten.

1 Versteinerter Wellensand mit Windwechsel, Perm, Nierstein am Rhein, D.
2 Ruhespur eines Trilobiten (16 x 7 cm), Ordovizium, Schweden.
3 Freßbauten (Chondrites, Höhe 11 cm), Unterjura, Süddeutschland.
4 Weidespur (Zopffährte, 1 cm breit), Unterjura, Süddeutschland.
5 Insektenfährte Lithographus niersteinense (2,5 cm breit), Perm, Nierstein, D.
6 Schreitfährten von Dinosauriern (bis 60 cm), Oberjura, Barkhausen, D.

◁ Wohnröhre ***Rhizocorallium*** (Platte insg. 16 cm breit), Trias-Muschelkalk, Crailsheim, D.

1

2

3

4

5

6

Reich Einzeller *(Protista)*

Hier werden pflanzliche, primäre Energien wie z.B. das Licht nutzende (autotrophe) ebenso wie tierische, organische Stoffe aufnehmende (heterotrophe) Einzeller mit Zellkern erfasst.
Erst vor etwa 600 Millionen Jahren treten die ersten vielzelligen Organismen auf. Bis dahin veränderte sich das wohl nur auf Bakterien begrenzte Leben auf der Erde über 3,5 Milliarden Jahre kaum (siehe auch »Die Entwicklung des Lebens« auf der Ausfalttafel).

Klasse Coccolithophoriden *(Coccolithophyceae)*

Seit der Trias bis zur Gegenwart bekannt, bilden sie winzige, kugelige, einzellige Körper mit Kalkplättchen (Coccolithen). Seit dem Mesozoikum lagerten und lagern sich noch heute in warmen Meeren vorwiegend aus Coccolithen bestehende Kalk- und Kreidesedimente ab.

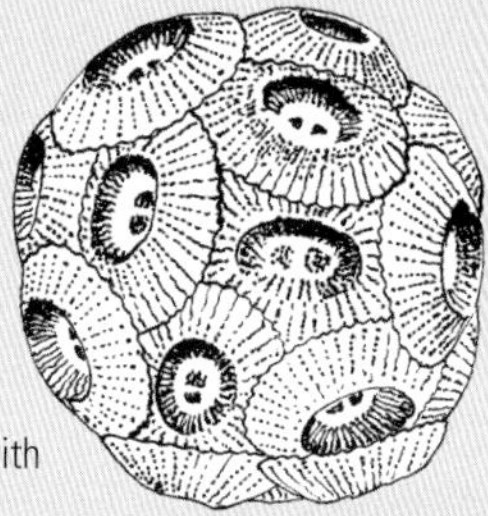

Coccolith

Stamm Wurzelfüßer *(Rhizopoda)*

Im Stamm Wurzelfüßer sind die einzelligen **Foraminiferen** und **Radiolarien** fossil bedeutsam. Sie werden mitunter gesteinsbildend abgelagert.

Klasse Kammerlinge *(Foraminiferida)*

Als Planktonorganismen, aber auch als Bodenbewohner besitzen die einzelligen Foraminiferen kalkige und vielgestaltige, gekammerte Gehäuse von etwa 5 mm Größe. Im Karbon und Perm sind sie als Leitfossilien wichtig (z.B. *Fusulina*).
Die vielkammerigen und spiralig eingerollten **Nummuliten** können bis zu wenigen Zentimetern groß werden und sind in der Kreide und im Tertiär weit verbreitet.

▷ **Gesteinsstück** (10 cm breit) mit Nummuliten, Tertiär-Eozän, Neubeuren, Bayern, D.

Klasse Strahlentierchen *(Actinopoda)*

Als Planktonorganismen besitzen die Strahlentierchen (z.B. Radiolarien) strahlenförmige Kieselskelette, die, wenn sie auf dem Meeresgrund (z.B. als Radiolarienschlick) abgelagert werden, Sedimente aus Kieselschiefer bilden können. Die **Radiolarien** sind seit dem Kambrium bekannt und ab dem Ordovizium bis heute mit großem Formenreichtum verbreitet.

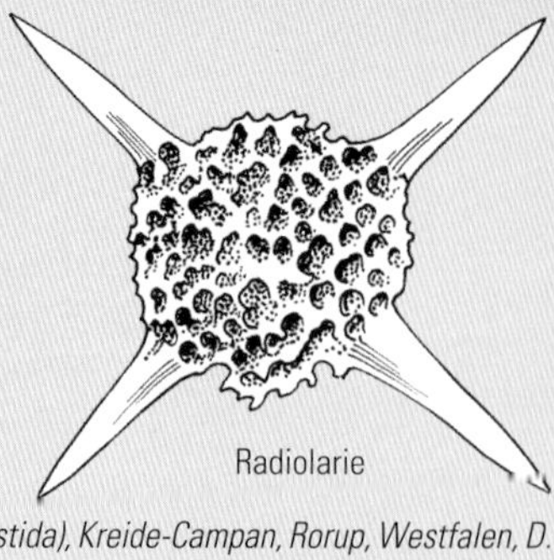

Radiolarie

*1 **Jereica polystoma** (18 cm), ein Steinschwamm (Litistida), Kreide-Campan, Rorup, Westfalen, D.*

1

Stamm Schwämme *(Porifera)*

Schwämme

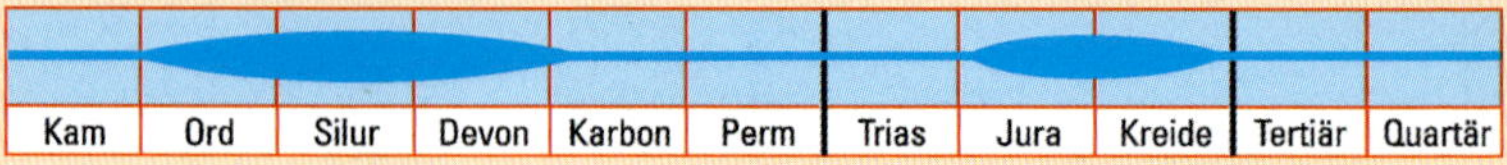

Die fast ausschließlich im Meer lebenden **Schwämme** bilden die einfachsten Lebensformen der Vielzeller. Fossile Reste von Schwämmen finden sich in allen marinen Ablagerungen der Erdgeschichte.

Vereinfacht stellt der Schwammkörper einen am unteren Ende festgewachsenen Schlauch dar mit einer Öffnung oben (Osculum). Die Außenwand des Schlauches bilden plattenförmige Zellen (Epidermis). Die Innenwand besteht aus Kragengeißelzellen, die ihre Geißeln durch zahlreiche Poren (Ostia) in den Hohlraum des Schlauches (Paragaster) strecken. Durch stetige Bewegung der Geißeln fließt ein Wasserstrom durch die Wandporen, der durch das Osculum wieder entweicht. Dabei werden Sauerstoff und Nahrung aufgenommen. Zwischen der Innenwand und den Epidermiszellen auf der Außenwand bildet sich oft eine gallertige Zwischenschicht (Mesogloea). Diesen einfachen Schwammtyp **Ascon** gibt es nur bei primitiven Formen und in Jugendstadien.

Bauplan des Schwammkörpers

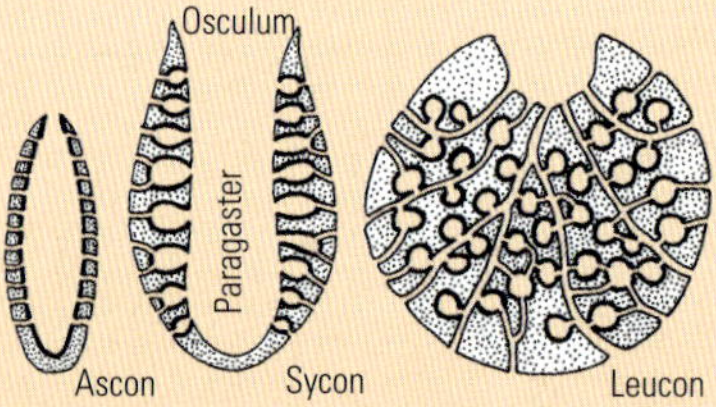

Der Schwammtyp **Sycon** besitzt durch eingefaltete Taschen eine größere Innenwandfläche und damit zahlreichere Kragengeißelzellen, die für Atmung und Verdauung sorgen.

Beim Schwammtyp **Leucon** sind die Kragengeißeltaschen zu Geißelkammern weiterentwickelt und mit Kanälen nach außen und nach innen verbunden, damit das Wasser durch den massigen Schwammkörper fließen kann.

Die Schwämme bilden in der Schwammwand-Zwischenschicht ein Skelett aus einer hornähnlichen Substanz (Spongin der Hornschwämme, z.B. Badeschwamm), aus Kalk (Kalkschwämme) oder aus Kieselsäure (Kieselschwämme). Nur Kalk- und Kieselschwämme können fossil erhalten bleiben, da sich Spongin schnell auflöst. Das Schwammskelett besteht aus Schwammnadeln (Spicula), die sich in den verschiedenen Formenkreisen der Schwämme unterscheiden und auch im Zusammenhang als Schwammkörper fossil erhalten bleiben können.

Schwammnadeln (Skelettspicula)

Monaxon Tetraxon Triaxon Desmon

Schwammfelsen an der oberen Donau

1 ***Sonnenuhrschwamm*** *(»Misburger Sonne«; 10 cm) Coeloptychium rude, Kreide-Campan, Misburg, D.*
2 ***Becherschwamm Coscinopora*** *(5 cm hoch), Kreide-Campan, Coesfeld, Westfalen, D.*
3 ***Steinschwamm Astylospongia*** *(3,5 cm), Silur, Gotland, Schweden.*
4 ***Steinschwamm Cylindrophyma*** *(10 cm), Oberjura, Geisingen, Süddeutschland.*

1

2

3

4

Stamm Nesseltiere *(Snidaria)*

Im vielgestaltigen Stamm der Nesseltiere sind nur die **Korallen** durch zahlreiche Fossilien aus ihrer Unterklasse **Steinkorallen** *(Zoantharia)* bedeutungsvoll. **Quallen** (aus der Unterklasse *Scyphomedusae*) und **Conularien** (aus der Unterklasse *Conulata*) sind seltener fossil erhalten.

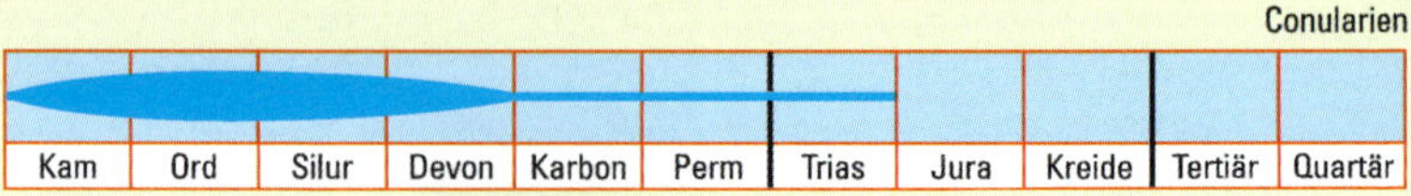

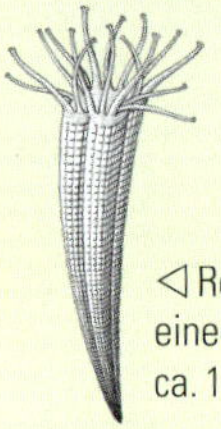

◁ Rekonstruktion einer Conularie, ca. 10 cm

▷ ***Conularia***, 6 cm, Silur, Gotland, Schweden

Klasse Korallen *(Anthozoa)*

Die Korallen leben als Polypen einzeln (solitär) als Einzelkoralle *(Corallit)* oder in Kolonien (Stöcken). Koloniebildende Korallen bauen Riffe auf. Der kelchförmige Korallenpolyp weist meist eine Außenwand (Epitheca) auf, von der radiale Lamellen (Septen) nach innen wachsen.
Kelchgestalt und Septenstruktur im Kelchinneren dienen als Bestimmungsmerkmale. Die Septen können rückgebildet, die Kelche durch Querböden gegliedert sein.

Unterklasse Steinkorallen *(Zoantharia)*

Dazu zählen auch skelettlose und dadurch fossil nicht erhaltene Gruppen wie die **Seeanemonen**. Die Körperwand eines **Korallenpolypen** besteht aus einer Außenlage (Ektoderm) und einer Innenlage (Entoderm). Sie umschließt einen zentralen Magenhohlraum (Coelenterium).
Mit einer Fußscheibe am Untergrund befestigt, umgibt den Polypen in der nach oben gerichteten Mundregion ein Kranz von Tentakeln.
Die Innenlage entwickelt Längsfalten (Mesenterien), die in den Magenhohlraum hineinwachsen und dort eine wechselnde Zahl von Taschen bilden. Die Außenlage scheidet eine den Polypen einhüllende kalkige Außenwand (Epitheca) aus, die entweder von der Ektoderm-Oberfläche ausgeschieden wird oder von der Fußscheibe ringförmig nach oben wächst. Die inneren Längsfalten werden durch radial gestellte Kalklamellen (Septen) gestützt, die entweder von der Außenwand nach innen oder von der Fußscheibe aus nach oben wachsen. Die Außenwand bildet so zusammen mit den Septen die Anordnung und Bildungsfolge der Längsfalten ab. Wächst der Polyp nach oben, werden die verlassenen Abschnitte des Kelches durch horizontale Querböden (Tabulae) oder zwischen den Septen durch Skelettlamellen (Dissepimente) abgekapselt.
Gleichzeitig schalten sich neue Septen ein, deren Anordnung und Einschaltfolge auf den Aufbau (Anatomie) und den Entwicklungsstand (Ontogenie) hinweisen und deshalb für die Bestimmung wichtig sind. Im Zentrum des Coralliten kann ein kleiner, säulen- bis lamellenartiger Pfeiler (Columella) nach oben wachsen.
Die verschiedenen Skelettelemente werden als Polyparium bezeichnet. Es sind nicht immer alle Skelettelemente überhaupt oder gleichmäßig entwickelt. Auch die Außenwand kann unterschiedlich oder gar nicht ausgebildet sein.
Die Fossilisationsbedingungen der ausschließlich marinen Korallen sind dank des stabilen Polyparium-Skeletts besonders günstig. Sie sind deshalb vom Ordovizium an durch die ganze Erdgeschichte hindurch gut fossil dokumentiert.

1 ***Viminohelia seminuda*** *(je Corallit 0,5 cm), Oberjura, Nattheim, D. Bis mittelgroße, breit oval-ästige Korallenkolonie, deren bis zu 6 mm breite Äste sich maschig verbinden. Jede der unregelmäßig angeordneten Corallite besitzt im eingesenkten Zentrum eine pfeilerartige Columella. Die sternförmig ausstrahlenden Septen gehen fließend ineinander über.*

1

Ordnung Runzelkorallen *(Rugosa)*

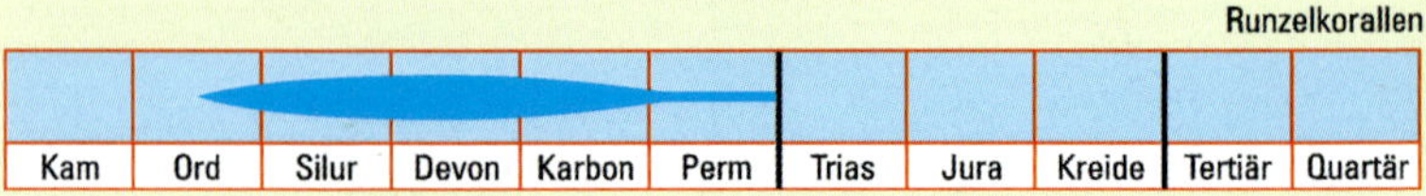

Diese nur im Paläozoikum (Ordovizium bis Perm) vorkommende Ordnung wird wegen der häufig auftretenden waagrechten Querrunzeln (Rugae) auf der Außenwand so bezeichnet.
Man nennt sie auch ***Tetracorallia*** wegen der Septenentwicklung in den Viertelkreisen (Quadranten) und ***Pterocorallia*** wegen der fiedrigen Septenanordnung. Sie kommen meist als Einzelkorallen, seltener als Kolonien vor. Ihre Querböden (Tabulae) breiten sich im gesamten Coralliten aus oder treten in Verbindung mit den Skelettlamellen (Dissepimenten) auf.

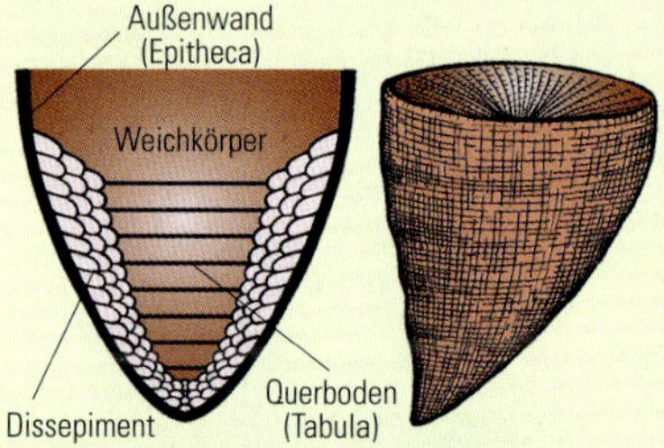

Einzelkelch (Corallit) einer Runzelkoralle (Rugosa)

Palaeocyclus porpita (2 cm), Silur, Gotland, bildet flache, scheibenförmige Einzelkorallen (»Knopfkoralle«) mit in der Mitte trichterförmig vertieftem Kelch und kräftigen, gekörnelten Septen. Außen entwickelt sich ein seitlicher Kielrand.

Hexagonaria philomena (insg. 18 cm), Devon, Eifel, bildet Korallenkolonien mit Trichterkelchen, deren Kanten ineinander übergehen.

1 ***Mesophyllum maximum*** *(7cm), Devon, Eifel, D. Große, trichterförmige Einzelkoralle mit Querriegeln (Carinae) an äußeren Septenenden.*

2 ***Kethophyllum*** *(11cm), Obersilur, Gotland, bildet Einzelkorallen mit langen Septen und mit Querwülsten und Knoten auf der Außenwand.*

3 ***Cyathophyllum planum*** *(insg. 20 cm), Devon, Eifel, D. Diese Korallenkolonie weist große Wulstkelche mit engen Schlotzonen (ca. 8 mm) auf. Die Septen der einzelnen Corallite sind sehr lang.*

4 *Ähnlich:* ***Schlotheimophyllum*** *(insg. 10cm), Silur, Gotland, Schweden.*

5 ***Calceola sandalina*** *(5 cm), Devon, Eifel, Leitfossil im Mitteldevon. Einzelkoralle mit hornförmig gekrümmtem Kelch und halbkreisförmigem Querschnitt (»Pantoffelkoralle«). Sie besitzt einen halbkreisförmigen Deckel mit Zähnchen auf der Innenseite, denen Zahngruben am Kelchrand entsprechen.*

6 ***Goniophyllum*** *(2,5 cm), Silur, Gotland, Schweden. Ein kurzer, schwach gekrümmter Kelch oft mit Wurzeln an der Spitze bildet einen viereckigen, fast quadratischen, von 4 dreieckigen Platten verschlossenen Kelch.*

1
2
3
4
5
6

Ordnung Bödenkorallen *(Tabulata)*

Bödenkorallen

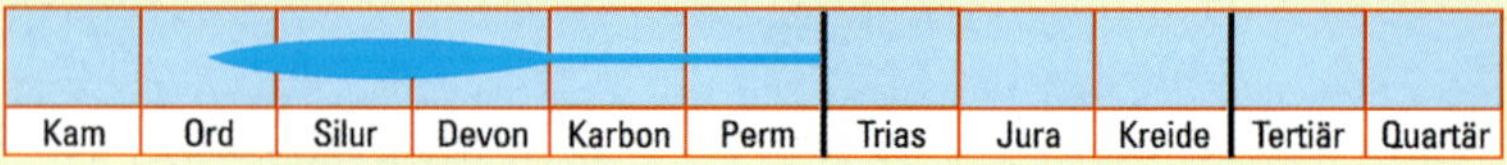

Die koloniebildenden Bödenkorallen kommen nur im Paläozoikum (Ordovizium bis Perm) vor. Sie gliedern in ihren eng röhrenförmigen Coralliten zahlreiche Querböden (Tabulae) ab.

Favosites

Links: Bauschema

Rechts: Längsschnitt

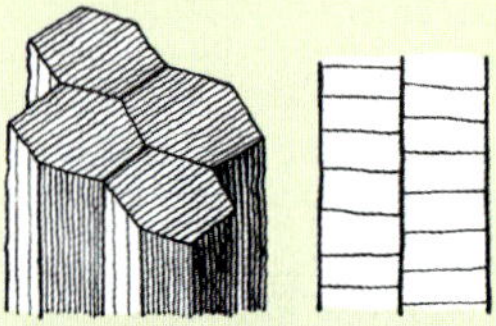

Favosites (10 cm), aufgeplatzt, mit Querböden.

Thamnopora (8 cm), bildet ästige Kolonien.

1 ***Favosites*** *– Ordovizium bis Devon (Foto: Devon, Eifel, D) – bildet massive, unregelmäßig knollige Kolonien. Die Corallite (2-5 mm Durchmesser, im Foto 3 mm) besitzen einen polygonalen Querschnitt und kommunizieren durch kreisrunde Poren in den Außenwänden, die auf ihrer gesamten Länge zusammenwachsen.*

2 ***Heliolites*** *– Obersilur bis Mitteldevon weltweit, (Foto: insg. 6 cm, Silur, Gotland, Schweden) – entwickelt massive kugelige oder etwa halbkugelige Kolonien. Ihre Corallite stehen einzeln und sind von Skelettmaterial umgeben, das auf der Oberfläche wabenartige Muster ausbilden kann. In den Coralliten entstehen 12 Septen sowie gerade oder gebogene Querböden.*

3 ***Aulopora*** *– Devon weltweit (Foto: insg. 4 cm, Eifel, D) – überzieht mit unterschiedlich dichten, netzförmig verzweigten Kolonien die Hartteile anderer Organismen. Die röhrenförmigen Corallite inkrustieren mit einer Seite auf ihrer Unterlage und öffnen ihre Kelche nach oben. Septen und Böden sind selten zu erkennen.*

4 ***Halysites*** *– Ordovizium bis Silur weltweit (Foto:*
5 *insg. 20 cm, Silur, Gotland, Schweden) – mit zylindrischen bis ovalen Corallitenquerschnitten. Die Corallite verwachsen nur an den Schmalseiten miteinander. Dadurch entstehen sich verzweigende Coralliten-Ketten (»Ketten-Koralle«). Septen und Wandporen fehlen.*

Halysites

Bauschema

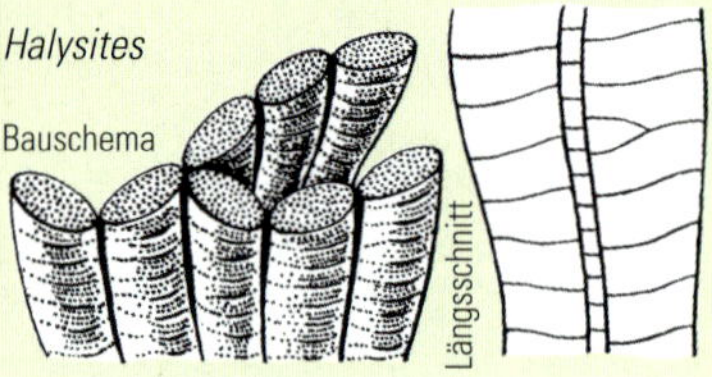

1

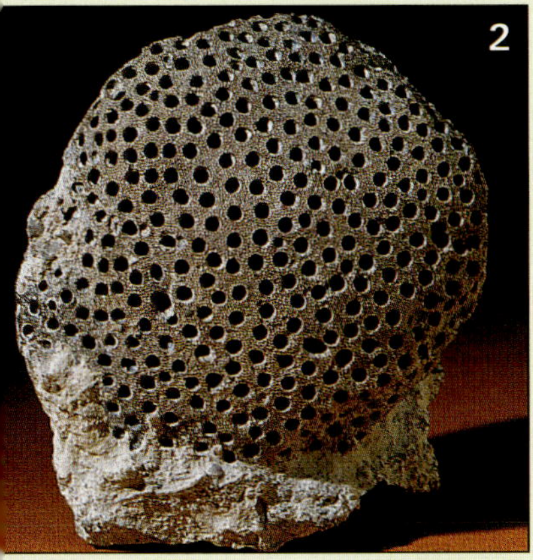
2

3

4

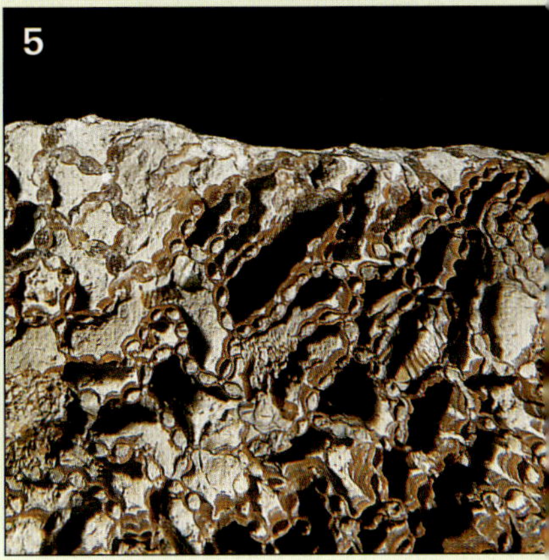
5

Ordnung Cyclokorallen *(Scleractinia)*

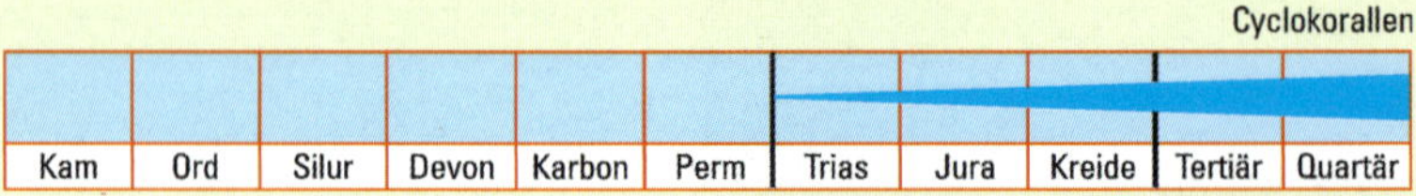

Die Cyclokorallen (so genannt wegen ihrer zyklischen Septenfolge) werden auch als »Moderne Korallen« bezeichnet. Sie entwickeln sich von der Trias an bis heute zu großer Formenfülle. Der Name *Scleractinia* leitet sich vom griechischen »Strahl« ab. Man nennt sie auch *Hexacorallia*, weil ihre zyklische, radialsymmetrische Septeneinschaltung auf der Zahl 6 basiert (6+6+12+24 usw.). Sie leben heute als Einzelkorallen (bis in 6000 m Tiefe) und als Kolonien (Riffkorallen der tropischen Küstengebiete). Ihre Kelche bleiben oft niedrig und entwickeln sich mehr in die Breite.

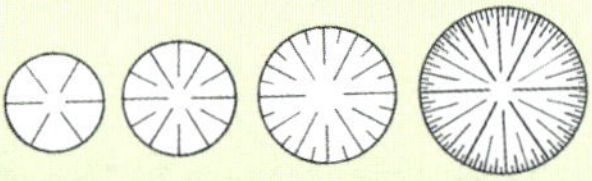

Einschaltschema der Septen bei Cyclokorallen

Microphyllia soemeringii, Oberjura, Gerstetten, D. Groß werdende, fladenförmige Korallenkolonie, bei der sich die Septen eines Coralliten in die des Nachbarcoralliten fortsetzen. Auf der reliefartigen Oberfläche grenzen mäandrische Trennlinien die ca. 1 cm breiten Corallitengruppen ab.

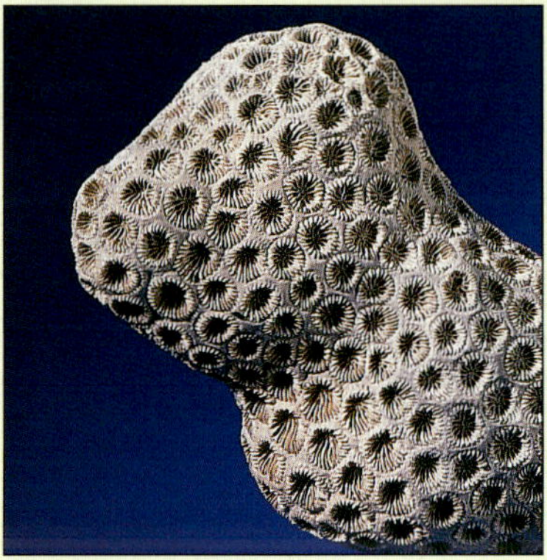

Astralia palmata (je Corallit 0,4 cm) Tertiär-Miozän, North Carolina, USA.

1 ***Latiphyllia suevica*** *(insg. 15 cm), Oberjura, Gerstetten, D. Pilzartig-astförmige Kolonie mit zulaufendem Wurzelbereich. Die Kelche liegen an der Oberfläche in vertieften, rinnenartigen Mulden. Die Septen ziehen sich über den Kelchrand, die Außenseite ist längsgerippt.*

2 ***Stylina lobata*** *(insg. 4 cm), Oberjura, Gerstetten, D. Bis mittelgroße, fladenförmige Korallenkolonie mit breitem Wurzelboden und runden, vertieften Kelchen (ca. 3 mm Durchmesser) mit einer stiftartigen Columella im Zentrum.*

3 ***Axosmilia cylindrica*** *(3 cm), Oberjura, Gerstetten, D. Zylindrische Einzelkoralle mit quergerunzelter Außenseite. Der ovale Kelch (bis 6 cm) besitzt kräftige Lamellen.*

4 ***Tiaradendron germinans*** *(insg. 6 cm), Oberjura, Nattheim, D. Korallenkolonie mit flachovalen Verzweigungen. An den Schmalseiten entwickeln sich zunächst rundliche, später flach eingesenkte ovalere Kelche (bis ca 1 cm).*

5 ***Rhipidogyra costata*** *(insg. 13 cm), Oberjura, Gerstetten, D. Korallenkolonie mit sich verjüngendem Wurzelbereich, Kelche mit lamellenartiger Columella in einer vertieften Rinne.*

1

2

3

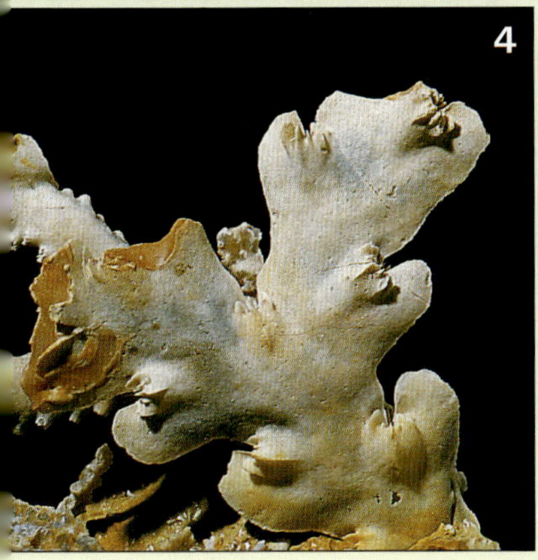
4

5

Ordnung Cyclokorallen *(Scleractinia)*

◁ △ ***Leptonia konicki*** (je Corallit 0,2 cm breit), Oberkreide, Gosau, Österreich. Massive Korallenkolonie mit rinnenförmigen, unregelmäßigen Coralliten (»Hirnkoralle«), die im Rinnenzentrum lamellenartige Columellen bilden. Die Fotos zeigen neben dem intakten Fossil (links) eine im Bach abgerollte *Leptonia*-Kolonie.

Cyclolites macrostoma (8 cm), Oberkreide, Rußbach, Österreich. Kreisförmige bis ovale Einzelkoralle mit einer scheibenförmigen, konzentrische Wachstumsringe tragenden, nicht festgewachsenen Unterseite; Außenseite gewölbt mit dünnen, perforierten Septen.

1 ***Thamnasteria*** *(insg. 8 cm), Oberjura, Gerstetten, D. Groß werdende, knollen- bis fladenförmige Korallenkolonie mit meist breitem Wurzelbereich und unregelmäßig auseinanderstehenden, im Zentrum konisch vertieften Kelchen mit je einer Columella. Die sternförmig ausstrahlenden, kräftigen Rippen sind leicht geschwungen und fließen ineinander.*

2 ***Astrocoenia decaphylla*** *(je Corallit 0,2 cm), Oberkreide, Gosau, Österreich. Massive, mitunter auch ästige Korallenkolonie mit kleinen, rundlich-vieleckigen Coralliten, deren Septen den außen verschmolzenen Kelchrand bilden. Im Zentrum befindet sich je eine säulenförmige, manchmal frei stehende Columella.*

3 ***Diploctoenium angusterimatum*** *(8 x 6 cm), Oberkreide, Rußbach, Österreich. Anfangs fächerartige, später hufeisenförmige, seitlich zusammengedrückte Einzelkoralle, die sich zu einem oval-ringförmigen Kreis schließen kann (»Mondkoralle«). Sie besitzt massive, nach innen verdickte Septen und eine durchgehende lamellenartige Columella.*

1

2

3

Stamm Weichtiere *(Mollusca)*

Die Weichtiere gliedern sich in die fossil unbekannten, hartteillosen **Wurmmollusken** *(Aplacophora)* und in die als *Eumollusca* bezeichneten übrigen Weichtiere.

Hier nimmt die Klasse **Käferschnecken** *(Polyplacophora)*, deren ovaler Körper meist 8 rechteckige Kalkplatten trägt, eine Sonderstellung ein. Obwohl die Gruppe seit dem Kambrium nachgewiesen ist, sind fossile Reste davon selten.

Käferschnecke *Chiton* (3,5 cm), Tertiär, Toskana, Italien.

Der durch seine Fossilienvielfalt und -menge bedeutendere Teil der Weichtiere wird in der Überklasse **Schalenträger** *(Conchifera)* zusammengefasst. Sie besitzen einen ungegliederten Weichkörper, auf dessen Rückenseite sich eine den Körper umhüllende Hautfalte ausstülpt: der Mantel (Pallium). Die Oberfläche des Mantels scheidet eine Kalkschale aus, die als Gehäuse den ganzen Körper umschließt. Sie besteht aus einem äußeren Conchiolinhäutchen (Periostracum) und einer darunter liegenden Prismenschicht, in der die Oberflächenstrukturen (z.B. Rippen, Stacheln) gebildet werden. Nach innen wird Aragonit in feinen Lamellen als Perlmutterschicht ausgeschieden. Der Schalenaufbau kann bei den höher entwickelten (conchiferen) Mollusken stark abgewandelt werden. Ammoniten und einige Muscheln bilden Aragonitschalen, die Austernschalen sind kalzitisch.

Wegen der Erhaltungsfähigkeit des Gehäuses sind die conchiferen Mollusken der 3 Klassen **Muscheln, Schnecken und Kopffüßer** mit zusammen rund 80 000 bekannten fossilen Arten häufige und wichtige Fossilien in der gesamten Erdgeschichte.

Die formenarme Klasse **Kahn**- oder **Grabfüßer** *(Scaphopoda)* – Devon bis Gegenwart – bringt vorn und hinten offene, röhrenförmige, sich nach hinten verjüngende Gehäuse hervor. Sie gliedern sich auf in die Ordnungen *Dentalida* mit bis zu 35 cm langen Röhren und *Gadila* mit kürzeren Röhren (bis 2 cm), die sich später an der Mündung verjüngen. Die im Querschnitt kreisrunden Röhren sind leicht gebogen und werden oft in strandnahen Ablagerungen gefunden. Bestimmungsmerkmal sind die Schalenverzierungen.

Dentalium (6,5 cm), Tertiär, Piacenza, Italien. Längsrippung auf schwach gebogener Röhre.

Die Grabfüßer besitzen an der größeren, im Sediment eingegrabenen Röhrenöffnung einen Grabfuß und bewegliche Fangfäden, die Kleinorganismen zur Mundöffnung bringen. Durch die engere, aus dem Sediment ragende Öffnung erfolgt der Wasseraustausch.

1 Ammonit Pleuroceras (4 cm), Medianschnitt, Unterjura, Franken, D.

1

Klasse Muscheln *(Bivalvia* bzw. *Lamellibranchia)*

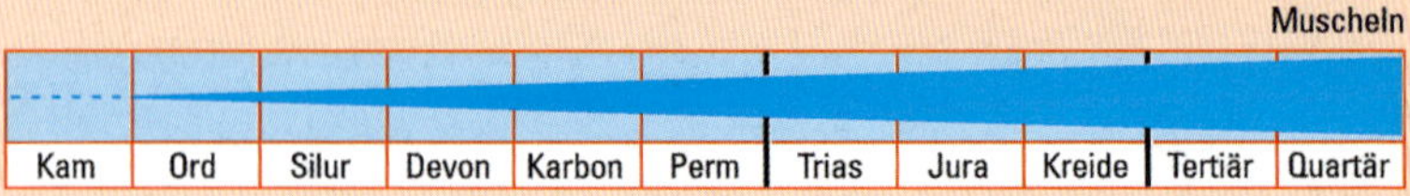

Bei den Muscheln bildet sich meist ein zweiklappiges **Gehäuse** mit 2 sich spiegelbildlich verhaltenden Klappen, die an der Rückenseite durch eine elastische Masse, das Ligament, verbunden sind. Das Gehäuse kann um den Ligamentrand geöffnet und geschlossen werden.

Merkmale der Muschelschale

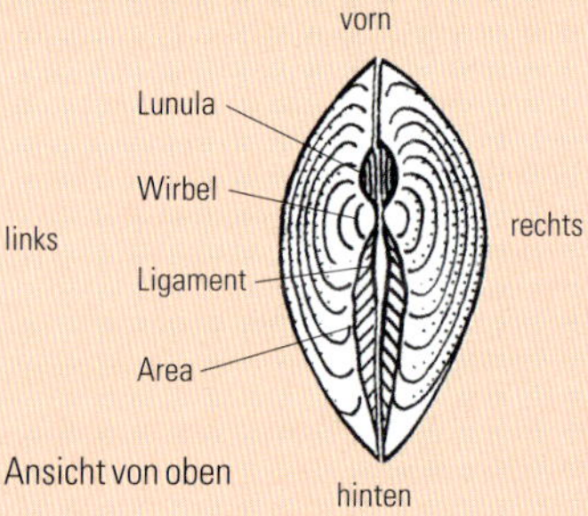

Ansicht von oben

Bei höher differenzierten Muscheln wächst das Ligament nach innen und bildet dort das Innere Ligament (Resilium), das die Schalen öffnet. Der äußere Teil hält die Klappen zusammen. An den rückseitigen Klappenrändern sorgt ein Scharnier (Schloss) aus ineinandergreifenden Erhöhungen (Schlosszähne) und Vertiefungen (Zahngruben) für verkantungsfreie Bewegungen. Die Schlossform ist für die Systematik und für die Bestimmung wichtig.

Seitenansicht

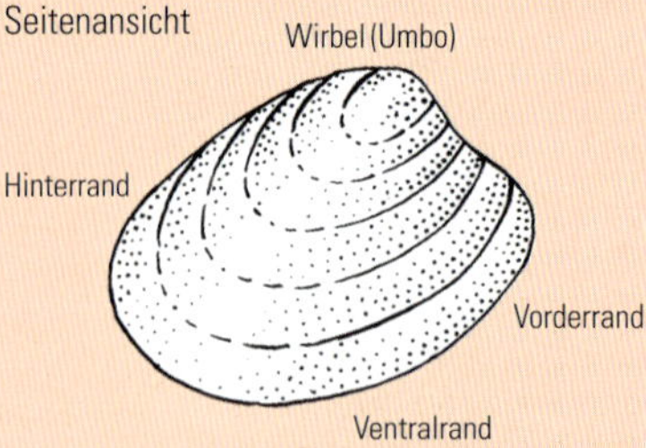

2 Muskeln innen, ein vorderer und ein hinterer, schließen die Klappen. Der vordere Schließmuskel kann schwächer oder ganz zurückgebildet sein. Dann bleibt nur 1 zentraler, vergrößerter Schließmuskel übrig: Aus dem sog. isomyaren (gleichmuskeligen) wird über den anisomyaren (ungleichmuskeligen) der monomyare (einmuskelige) Typ.

heterodontes Schloss

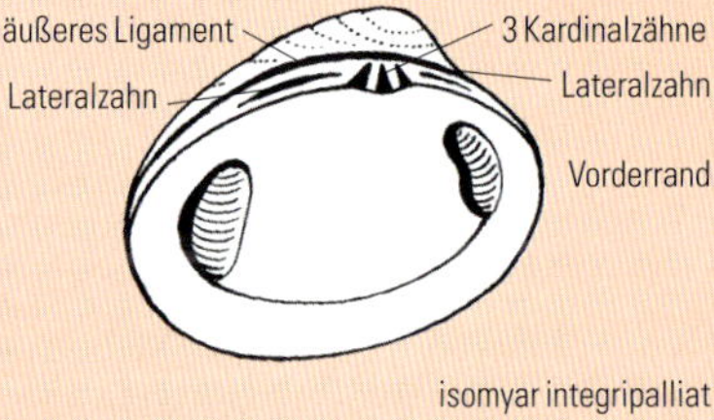

Die Schließmuskeln sind in der Schale festgeheftet. Zwischen den Haftstellen bildet sich eine zum Schalenrand parallele Mantellinie (integripalliate Muscheln). Wachsen die Mantelränder ventral zusammen, bildet sich eine Röhre (Sipho), die nach hinten herausgestreckt werden kann. Es entsteht eine Einbuchtung im Mantelrand (sinupalliate Muscheln). Der oft stark gewölbte Beginn der Klappen wird als Wirbel (Umbo) bezeichnet. Er liegt meist vor der Mitte und ist nach vorn (prosogyr), selten nach hinten (opistogyr) gedreht.

Austernklappe, monomyar

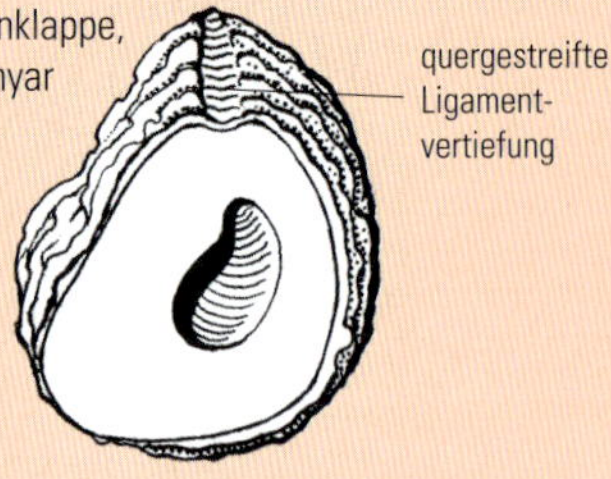

*1 Versteinerte **Perle** (1,5 cm) in einer **Austernschale**, Tertiär Pliozän, Florida, USA.*

1

Unterklasse *Palaeotaxodonta*

Muscheln mit einfachem taxodontem Schloss (Schloss mit zahlreichen gleichen und gleichorientierten Zähnen und Zahngruben) und 2 kräftigeren Schließmuskeleindrücken mit meist einfacher, integripalliater Mantellinie; seit dem Ordovizium bis zur Gegenwart, Vorläufer im Kambrium.

Ctenodonta – Ordovizium bis Karbon. Die Klappen sind rundlich oval, kräftig gewölbt und außen glatt oder konzentrisch gestreift. Das einfache Ligament liegt äußerlich. Der Schlossrand ist gebogen, der Mantelrand integripalliat.

Ctenodonta mit Schloss-Schema

Nuculoidea – Ordovizium bis Gegenwart. Muscheln dieser Überfamilie kommen bis zur heutigen Zeit nahezu unverändert vor. ***Nucula*** ab Kreide; klein, oval-dreieckig mit kräftig gewölbten und konzentrisch gestreiften Schalen. Eine Grube für das Innere Ligament (Resilium) trennt das taxodonte Schloss in einen vorderen und einen hinteren Abschnitt.

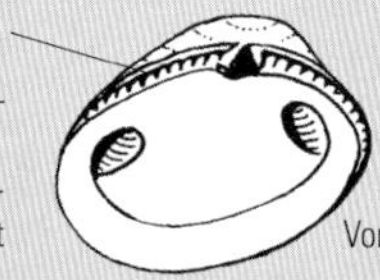

Nucula mit taxodontem Schloss

Unterklasse *Cryptodonta*

Artenarme, dünnschalige Muscheln mit unterschiedlicher Gehäusegestalt, fast zahnlosem Schloss und integripalliater Mantellinie; seit dem Ordovizium bekannt.

Grammysia – Silur bis Karbon –, eine relativ große, länglich ovale Muschel mit nach vorn verlagertem Wirbel. 2-3 Furchen verlaufen vom Wirbel aus nach hinten. Die Oberfläche ist schwach konzentrisch gewellt.

Grammysia, Silur, Gotland, Schweden.

Unterklasse *Pteriomorpha*

Seit den Paläozoikum bis heute vielgestaltig entwickelte Muscheln, die meist auf oder über dem Boden (epifaunistisch) festsitzend (sessil) leben. Bei den einfacheren Formen mit nach hinten entwickeltem Gehäuse liegt der Wirbel ganz vorn. Der vordere Schließmuskel ist oft deutlich schwächer ausgebildet als der hintere (anisomyar).

Pteriomorpher Muscheltyp

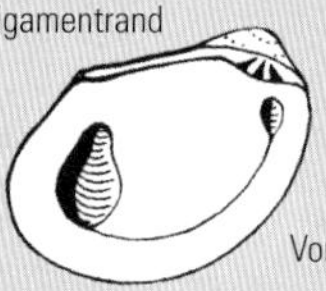

1 ***Glycimeris obovatus*** *(8 cm, früher Pectunculus), Tertiär-Oligozän, Österreich, mit dicken, gleichartigen, runden Schalen, deren Rand gekerbt ist. Die Art kommt seit dem Jura bis zur Gegenwart vor.*

2 ***Ctenostreon pectiniformis*** *(15 cm), Mitteljura-Bajoc, Albstadt, D, gehört als Untergattung wie Plagiostoma zur Gattung Lima. Sie bildet auf dicken Schalen kräftig-wülstige, radial verlaufende Rippen, die mit Knötchen und dornenartigen Auswüchsen besetzt sind.*

3 ***Plagiostoma gigantea*** *(4,5 cm), Unterjura-Sine-*
4 *mur, Hechingen, D, besitzt oft sehr große und glatte bis gestreifte, halbovale Klappen, die nach vorn stark verlängert sind. Die Muschel musste aus hartem Kalkstein herauspräpariert werden (Fotos).*

1

2

3

4

1 ***Pteronitella retroflexa*** *(4,5 cm), Silur-Ludlow, Gotland, Schweden, mit schwach gewölbtem Wirbel am Vorderende eines langen, geraden Ligamentrands, ein typischer Vertreter der Familie* ***Pterineidae****. Das ovale, ungleichklappige Gehäuse besitzt eine stärker gewölbte linke Klappe. Der vordere Schließmuskel ist gegenüber dem hinteren nur schwach entwickelt (anisomyar). Die Oberfläche der Klappen zeigt einfache Anwachsstreifen und selten noch eine feine Radialberippung. Ein Schloss ist nur durch einige kleine Schlosszähne unter dem Wirbel angedeutet.*

Kammmuscheln *(Pectinidae)* sind seit der Trias bis zur Gegenwart formenreich vertreten. Sie unterscheiden sich unverkennbar von den anderen Formenkreisen der Muscheln. Ihre rechte, etwas stärker gewölbte Klappe wird zur Unterklappe. Das annähernd kreisförmige Gehäuse mit fast spiegelbildlicher vorderer und hinterer Schalenhälfte besitzt in der Mitte einen spitzen Wirbel, unter dem das innere Ligament liegt. Am Wirbel bilden ein vorderes, oft ausgeschnittenes und ein hinteres Ohr den Dorsalrand. Auf der Innenseite liegt nur ein zentraler hinterer Schließmuskel. Kräftige, mitunter flache und weitstehende Radialrippen kennzeichnen die Oberfläche.
Die Unterscheidungsmerkmale liegen in der meist radialen, manchmal durch Anwachslinien vergitterten Schalenverzierung, in der unterschiedlichen Ungleichklappigkeit sowie in der Ausbildung der Ohren.

2 ***Inoceramus schloenbachi*** *(18 cm), Kreide-Turon, Erwitte, D, mit größerer linker Klappe. Die alte Gattung Inoceramus (Jura bis Kreide) ist heute in viele Gattungen aufgeteilt. Die meist konzentrisch berippten Schalen haben einen schiefovalen bis rundlichen Umriss. Durch ihre starke Prismenschicht zerbricht die Schale leicht. Größere Exemplare sind deshalb fast immer nur mit Schalenbruchstücken oder als Steinkern erhalten.*

Chlamis palmata (je 18 cm), Tertiär-Miozän, La Coste, Apt, Frankreich.

3 ***Aequipecten asper*** *(6 cm), Kreide-Cenoman, Essen, Westfalen, D.*
4 ***Chlamis composita*** *(4 cm), Tertiär-Oligozän, Wöllstein, Mainzer Becken, D.*

◁ ***Propeamussium personatum*** (1,2 cm), Jura-Aalen, Fränkische Alb, D. Diese Muschel hat ihre Radialrippung auf der Schaleninnenseite, die hier bei aufgelösten Schalen auf den Steinkernen sichtbar wird. Sie erhielt deshalb den Namen »Schauspielermuschel«.

1

2

3

4

Der Formenkreis der **Austern** *(Ostreida)* entfaltet sich seit der Trias bis zur Gegenwart. Austern sind fast immer mit der linken Klappe auf festem Untergrund aufgewachsen, dabei übertragen sie Strukturen der Unterlage auf ihre rechte, obere Klappe (Foto 6). Sie bilden ihr Gehäuse vielfältig aus, meist länglich oval mit dem Wirbel am Ende. Typisch für Austern sind deren oberflächenparallele Kalzitlamellen in der Schale, die meist als schuppige Anwachsstreifen enden. Dadurch lassen sich Austernschalen schon an Bruchstücken erkennen. Unterhalb des Wirbels liegt eine dreieckige Ligamentvertiefung (⇨ Zeichnung S. 34, rechts unten). Austern besitzen nur einen zentralen, großen hinteren Schließmuskel.

Diese Merkmale treffen besonders auf die Gattung ***Ostrea*** und die durch ihre stark verfalteten Klappen auffallende Gattung ***Lopha*** (»Hahnenkammauster«) zu.

Ostrea deltoidea (14 cm), Oberjura-Oxford, Liesberg, Schweiz.

▷ **Austern** auf Ammonitenschale (insg. 18 cm), Oberjura-Oxford, Villers s. M., Normandie, Frankreich. Die auf dem Ammoniten *(Euaspidoceras)* als Fremdkörper (Epöken) aufgewachsenen Muschelschalen mussten freipräpariert werden

Massenhaftes, gesteinsbildendes Vorkommen von Austern ***Gryphaea arcuata*** in einem Aufschluss bei Schwäbisch Gmünd, D.

1 ***Gryphaea arcuata*** *(4,5 cm), Unterjura-Sinemur, Aldingen, Schwäbische Alb, D.*
2 ***Lopha marshi*** *(10 cm), Mitteljura-Bajoc, Gosheim, Schwäbische Alb, D, mit aufgewachsener linker Schale einer gleichartigen Auster.*
3 ***Gryphaea gigantea*** *(9 cm), Unterjura-Pliensbach, Sunthausen, Süddeutschland.*
4 ***Ilymatogyra arietina*** *(4 cm), Kreide, Del Rio, Austin, Texas, USA. Eine Auster mit außergewöhnlicher Gehäuseform.*
5 ***Gryphaea dilatata*** *(11 cm), Oberjura-Oxford, Bückeburger Land, D. Die aufsitzende rechte Oberklappe (Deckel) liegt zufällig verkehrt.*
6 ***Strukturübertragung bei einer Auster*** *(2,5 cm), die auf einem Ammoniten festwuchs und dessen Struktur auf ihre obere Klappe übertrug. Mitteljura-Bajoc, Schwäbische Alb, D.*

1

2

3

4

5

6

Unterklasse *Palaeoheterodonta*

Zu dieser Unterklasse gehören die ältesten bekannten Muscheln (u.a. *Trigonia* und *Unio*).
Die Dreiecksmuscheln mit ihren attraktiv skulptierten Gehäusen zählen zu den Lieblingen der Fossiliensammler. Das schizodonte Schloss mit einem dreieckigen, oft gespaltenem Zahn in der linken und 2 ihn umgreifenden Schlosszähnen in der rechten Gegenklappe kennzeichnet die Dreiecksmuscheln ebenso wie ihr gerundet dreieckiges Gehäuse und ihr vorspringender, meist nach hinten gekrümmter (opisthogyrer) Wirbel.

▽ ***Trigonia interlaevigata*** (9 cm), Mitteljura-Bajoc, Elterbrock/Bielefeld, D.

Trigonia kommt verbreitet in Fossilgemeinschaften des Jura vor. Leitfossilien sind *Scaphotrigonia navis* (im unteren Mitteljura) und *Trigonia costata* (im oberen Mitteljura). Am Wirbel verläuft eine Kante nach hinten, die ein anders skulptiertes Feld abteilt.

1 ***Scaphotrigonia navis*** *(7,5 cm), Mitteljura-Aalen, Weilerstoffeln, Schwäbische Alb, D.*

Unio ist eine meist länglich ovale, groß werdende Süßwassermuschel mit dicker Schale und dem Wirbel vor der Mitte. Dahinter liegt das äußere Ligament.

2 ***Unio eseri*** *(8 cm), Tertiär-Miozän, Schrotzburg, Bodensee, D.*

In der Unterordnung ***Hippuritina*** sind einige sehr auffällige Muschelgattungen eingeordnet, die in Flachwasserbereichen warmer Meere vom Oberjura bis zum Ende der Kreidezeit lebten. Typisch dafür sind *Diceras* und *Hippurites*.

Vaccinites gosauviensis (Hippurit, 7 cm), Kreide-Senon, Neffgraben, Salzkammergut, Österreich. Die außen flache Oberklappe ragt in tiefe Zahngruben der Unterklappe.

Die Überordnung ***Anomalodesmata*** nimmt dünnschalige Muscheln mit verdicktem, glattem Schlossrand und sinupalliater Mantellinie auf.

▽ ***Pleuromya elongata*** (5 cm), Trias, Crailsheim, D.

3 ***Goniomya literata*** *(6 cm), Jura-Bajoc, Weilerstoffeln, Schwäbische Alb, D, unterscheidet sich von Pleuromya durch ihre v-förmige Schalenstruktur und etwas geringere Wölbung.*

4 ***Diceras*** *(Steinkern 6 cm), Oberjura, Ladendorf, Niederösterreich. Eine dickschalige Muschel mit kräftig gewölbten, konzentrisch gestreiften Klappen und hornförmigem, spitzem Wirbel.*

1

2

3

4

Ordnung *Heterodonta*

Die Heterodonten bilden die heute vorherrschende Muschelgruppe mit heterodontem Schloss, d.h. mit einigen Zähnen und Zahngruben in jeder Klappe, die vielfältig angeordnet oder auch zurückgebildet sein können. Auch die Gehäuseform variiert und äußeres wie inneres Ligament und integripalliater wie sinupalliater Mantelrand können vorkommen. Die aus Kreuzlamellen aufgebaute Schale ist häufig aragonitisch und löst sich daher leicht auf, was oft zu einer die Bestimmung erschwerenden Steinkernerhaltung führt.

Heterodonter Muscheltyp

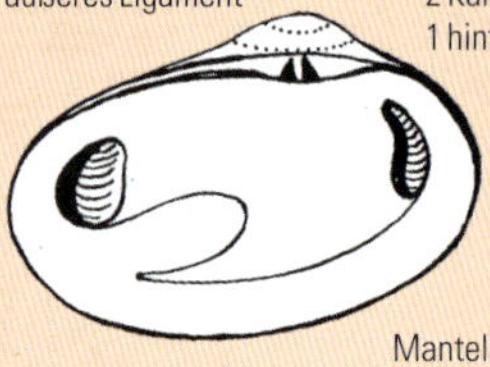

Pholas (2 cm), Kreide-Senon, Neffgraben im Salzkammergut, Österreich. Die auch als Dattelmuschel bekannte Bohrmuschel wurde in ihrem Bohrloch in einer Korallenkolonie fossilisiert. Das obere Bild zeigt die Korallenkolonie mit dem Bohrloch, das untere Foto deren aufgeplatzte Innenteile mit der im Bohrloch fossilisierten Bohrmuschel.

Bei der langovalen *Pholas* klaffen die Schalen vorn und hinten. Die beiden Schließmuskeln (mit tiefer Mantelbucht = sinupalliat) bewirken ein Rotieren der Klappen.

Fimbria lamellosa (6 cm), Tertiär-Eozän/Lutet, Pariser Becken, Frankreich.

1 ***Cardites angusticostates*** *(je bis 3,5 cm), Tertiär-Eozän/Lutet, Damery, Pariser Becken, Frankreich. Herzmuschel mit gewölbtem Gehäuse, kräftiger konzentrischer und feiner radialer Rippung. Der Wirbel ist nach vorn gerückt.*

2 ***Chama calcarata*** *(5 cm), Tertiär-Eozän/Lutet, Pariser Becken, Frankreich. Eine dickschalige, mit der linken Schale festgewachsene Muschel mit kräftigen, stachlig-schuppigen, konzentrischen Anwachsstreifen, die durch sich verjüngende Radialrippen verbunden sind; integripalliate Mantellinie (nicht eingebuchtet).*

3 ***Panopaea*** *(8 cm), Tertiär-Oligozän, Eckelsheim, Mainzer Becken, D. Eine größere Bohrmuschel mit klaffender Schale und konzentrischer Oberflächenstruktur.*

4 ***Crassatella lamellosa*** *(4,5 cm), Tertiär-Eozän, Pariser Becken, Frankreich. Die länglich ovale Muschel besitzt einen abgeflachten Schalenteil und weist eine deutlich konzentrisch gestreifte Schalenoberfläche auf.*

1

2

3

4

Klasse Schnecken *(Gastropoda)*

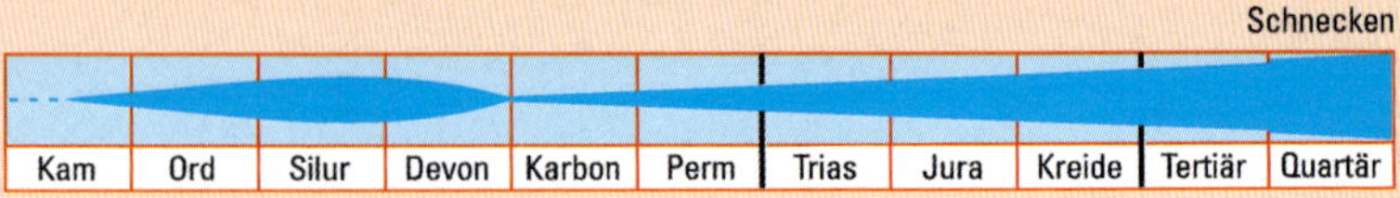

Von einem napfförmigen Anfangsteil, der sich erweitert, wächst das Schneckengehäuse röhrenförmig nach vorn. Es ist spiralig eingerollt. Ein Kopf- und Fußabschnitt der Schnecke kann nach vorn herausgestreckt werden. Der Eingeweidesack verbleibt im Gehäuse, das mit ihm gegenüber Kopf- und Fußabschnitt gedreht werden kann (Torsion). Die Kiemenhöhle kommt dann vorn über dem Kopf zu liegen, Krümmung und Spiraleinrollung sind nach hinten gerichtet. Die Schnecken werden so zu Vorderkiemern und unterscheiden sich dadurch von allen anderen Weichtieren. Bei abgeleiteten Gruppen kann die Körperdrehung sekundär rückgängig gemacht werden.

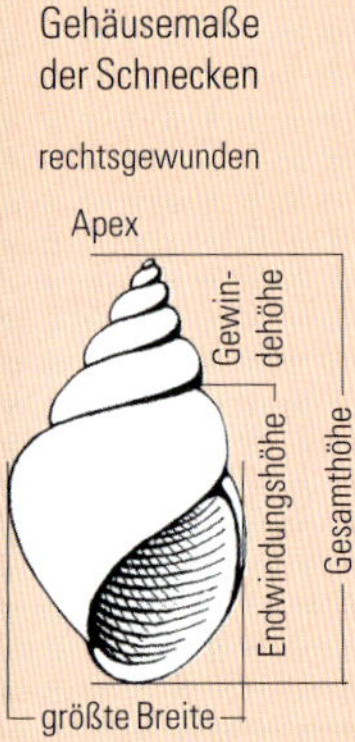

Neptunea contraria (9 cm), Tertiär-Pliozän, Antwerpen, Belgien, eine linksgewundene Schnecke.

Die Schneckenspirale ist normalerweise rechtsgewunden. Zeigt die Gehäusespitze nach oben, liegt die Mündung des Gehäuses rechts von der Spiralachse. Linksgewundene Spiralen sind selten. Berühren sich die Windungen an der Spiralachse nicht, bleibt dort ein Hohlraum und an der Basis des Gehäuses eine Öffnung (Nabel). Meistens berühren sich die Windungen und bilden eine stabile Windungsachse (Spindel).

Die Form der Endwindung und der Mündung sind wichtige Bestimmungsmerkmale. Bei glattem, nicht unterbrochenem Rand ist sie ganzrandig (holostom), durch einen Ausschnitt, der röhrenförmig ausgezogen sein kann, kann sie unterbrochen (siphonostom) sein. Bei den primitiven Schnecken kann die ganzrandige Mündung einen Mündungsschlitz haben, der erst verspätet zuwächst und auf sämtlichen Windungen als Schlitzband (Selenizone) sichtbar bleibt.

Die Außenseite des Schneckengehäuses kann vielfach verziert sein. Da die Innenseite durch die Perlmutterschicht glatt ist, lassen sich die glatten Steinkerne der Schnecken (wenn sich die häufig aragonitische Gehäuseschale aufgelöst hat) schlecht bestimmen.

Einige Schnecken, z.B. die meisten Archaeogastropoden, verschließen ihre Gehäusemündung mit einem hornigen, mitunter auch kalkigen, vom hinteren Fußteil ausgeschiedenen Deckel (Operculum), an dem sich die Richtung der Gehäusedrehung (Torsion) feststellen lässt. Auch einige Lungenschnecken entwickeln gegen Kälte oder Trockenheit aus kalkigem Schleim einen Mündungsverschluss (Epiphragma), den sie wieder entfernen können.

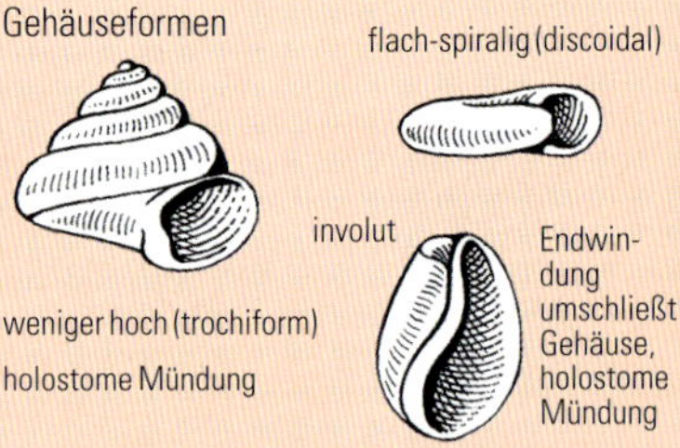

1 ***Oriostoma discors*** *(4,5 cm), Silur, Gotland. Unterseite einer turbiniformen Archaeogastropode mit daneben liegendem rundem Mündungsdeckel mit konzentrischer Ringstruktur.*

1

Gehäuseformen der Schnecken

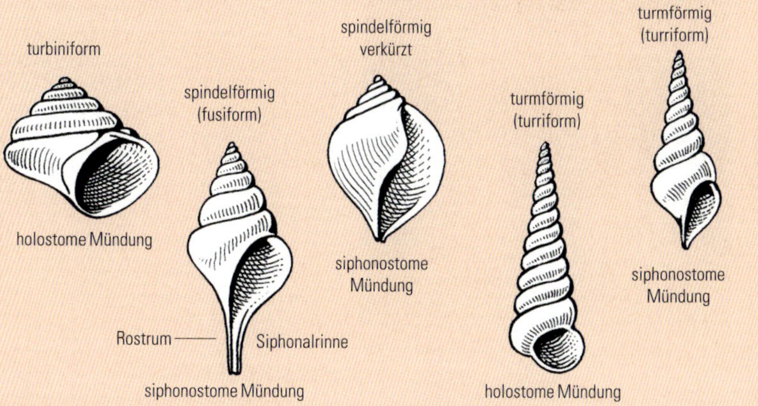

Unterklasse *Bellerophontida*

Die Einordnung der hier zusammengefassten, vom Kambrium bis zur Trias vorkommenden Mollusken wird noch diskutiert. Sie sind flach eingerollt mit dicker Schale ohne Perlmutterschicht und können entweder ein Schlitzband oder Öffnungen im Gehäuse (Tremata) besitzen.

Bellerophon (8,5 cm), Devon, Bergisch Gladbach, D. *Bellerophon* ist die Typusgattung der *Bellerophontida* mit planspiralem Gehäuse und wenigen, schnell zunehmenden Windungen. Der Mündungsschlitz wird nachträglich geschlossen. Dadurch entsteht ein Schlitzband außen.

Conradella (Phragmolites) gracillima (5 cm), Ordovizium, Unkarsheden/Siljan, Schweden, ist ein Vorläufer der Bellerophontiden.

Unterklasse *Archaeogastropoda*

Die hier vertretenen Schnecken entfalten sich schon ab Ordovizium mit einem meist windungsarmen, niedrigen, innen perlmutterbeschichteten Gehäuse und holostomer Mündung, die oft einen sich spät schließenden Mündungsschlitz hat.

Euomphalus – Ordovizium bis Karbon – besitzt eine sehr flache Spirale, deren Windungen sich lose, ohne sich zu übergreifen, nur leicht berühren. Auf der Windungsoberseite verläuft oft eine Spiralkante. Die Tendenz, die Spirale aufzulösen, wird in der Gattung ***Lesueurilla***, deren letzte Windung freiliegt, sichtbar.

1 ***Schizostoma (Euomphalus) catilloides*** *(1 cm), Karbon, Pennsylvanian Brownwood, Texas, USA.*
2 ***Lesueurilla*** *(6 cm), Ordovizium, Öland, Schweden.*

Pleurotomaria

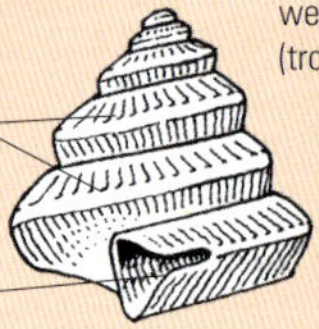

Pleurotomaria, im Jura und in der Unterkreide weit verbreitet und bis heute vertreten, gab dem schon im Paläozoikum reich entfalteten Formenkreis der **Pleurotomariiden** den Namen. Das auf der Außenseite abgeflachte, trochiforme Gehäuse enthält deutliche Spiral- und Anwachsstreifen, oft zusätzlich durch Knoten skulptiert. Typisch ist ihr auf der Mitte der Windungsflanken verlaufendes Schlitzband (Selenizone). Bestimmungsmerkmale sind u.a. Gehäusegestalt, Art des Schlitzbandes und Schalenverzierungen.

3 ***Holopea*** *(5,5 cm), Ordovizium, Siljan, Schwed.*
4 ***Gyronema armata*** *(6 cm), Devon-Givet, Bergisch Gladbach, D.*
5 ***Pleurotomaria armata*** *(6 cm), Mitteljura-Ba-*
6 *joc, Bayeux, Frankreich. Links: Fossilfund im harten Eisenoolith, rechts: präpariert*

1

2

3

4

5

6

Unterklasse *Neritimorpha*

Diese Unterklasse fasst Schnecken mit typischer Gehäuseausbildung im Frühstadium zusammen, deren Larven meist Plankton fressen. Sie kommen seit dem Ordovizium vor. Charakteristische Vertreter sind ***Platyceras*** (Silur bis Perm) und **Nerita** *(Neritopsis)*, seit der Trias.

Nerita *(Neritopsis)* – Trias bis Gegenwart – hat die Innenwindungen nur auf der Schale angedeutet und dadurch einen einheitlichen Schaleninnenraum. Bei den sehr kleinwüchsigen *Neritopsis* besteht noch eine kurze Anfangsspirale an einer kugeligen Endwindung mit glatter, wulstiger Innenlippe an der kreisförmigen Mündung. Die Schalen sind glatt oder schwach spiralig, mitunter auch mit Querrippen strukturiert. Ihr stabiler, runder Verschlussdeckel bleibt fossil oft erhalten.

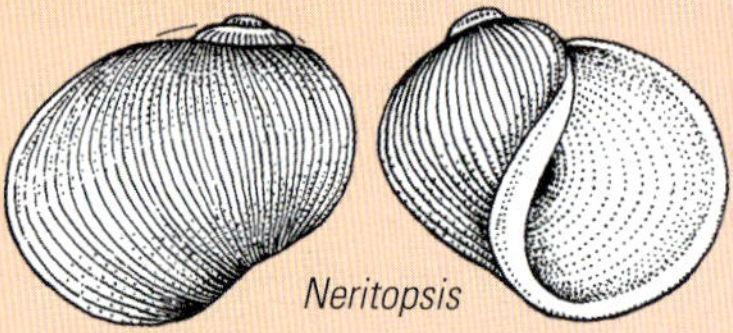

Neritopsis

Theodoxus crenulatus (8 mm), Tertiär-Miozän, Pflummern, Oberschwaben, D.

Platyceras – Silur bis Perm – besitzt eine große Endwindung, die sich napf- oder hornförmig entwickeln kann. Die Endwindungen erweitern sich schnell, nur die Anfangsspirale beginnt normal. Das kalzitische, dünnschalige Gehäuse kann mit Spiral- und Anwachsstreifung, mitunter auch mit Stacheln verziert sein.

1 ***Platyceras niagarense*** *(2,5 cm), Silur-Waldron, Indiana, USA.*

Nerita gigantea (3,5 cm), Tertiär, Epfenhofen, D.

Neritopsis suprajurensis (2 cm), Oberjura-Kimmeridge, Geisingen/Donau, D; Steinkern.

Velates – Kreide bis Tertiär – ist eine großwüchsige Napfschnecke mit nicht sichtbaren Windungen und einer gezackten Innenlippe an der unten liegenden Mündung.

2 ***Velates schmiedeli*** *(8 cm), Tertiär-Paleozäncuisin, Vic-sur-Aisne, Frankreich; Napfschnecke.*

1

2

Unterklasse *Caenogastropoda*

Die Gliederung dieser Tiergruppe mit gleichartigem Embryonalgehäuse wird derzeit neu geordnet. Hier findet mit den Mesogastropoden (mit holostomen wie auch siphonostomen Gehäusemündungen) und den Neogastropoden (mit siphonostomen Mündungen) eine gewaltige Formenvielfalt Platz, die sich seit dem Ordovizium, vor allem aber von der Kreide an entwickelt hat.

> Die Schnecken zählen mit etwa 40000 fossilen und 130000 rezenten Arten zur vielfältigsten und verbreitetsten Klasse der Weichtiere. Zur Bestimmung dienen vorwiegend Merkmale der Weichteile. Die fossilen Schnecken können nur anhand von Gehäusekriterien und Schalenaufbau unterschieden werden. Rezente Vertreter fast aller fossilen Schneckengruppen erleichtern jedoch die Differenzierung.

Cassis megapolitana (6 cm), Tertiär-Oligozän, Skive, Dänemark.

Cassis, eine typische tertiäre Schnecke mit Vorläufern in der Oberkreide, hat ein stark involutes Gehäuse, d.h. die letzte Windung bedeckt fast alle früheren. Die Mündung besitzt eine breite, kurze und leicht gebogene Siphonalrinne. Die Außenlippe ist auf der Innenseite gezahnt. Das trifft auch auf die durch sekundäre Kalkausscheidung porzellanartig glatte Innenlippe zu. Die kräftig spiralig verzierte Oberfläche kann durch Anwachsstreifen eine Gitterskulptur erhalten.

Campanile – Oberkreide bis Gegenwart – besitzt ein windungsreiches, turmförmiges Gehäuse mit abgeflachten Windungsflanken und schwach eingetieften Umgängen. Davor liegt eine Reihe kräftiger Knoten. Die siphonostome, schief-ovale Mündung besitzt einen mäßig verlängerten vorderen Ausguss und mitunter auch eine hintere Analausbuchtung. Die Größe (bis etwa 60 cm) macht *Campanile* zu einem auffallenden und attraktiven Fossil des Alttertiärs.

1 ***Campanile giganteum***, *Medianschnitt.*
2 ***Campanile giganteum*** *(hier bis 50 cm), Tertiär-Lutet, Fleury, Pariser Becken, Frankreich.*

Cassis megapolitana, Windungsaufsicht.

Die ***Turritella***-Turmschnecken leiten sich von den schon im Devon vorkommenden *Turritellidae* ab, die sich in Kreide und Tertiär zu weit verbreiteten Fossilien entwickeln. Ihr turmförmiges, schlankes Gehäuse kann bis zu 20 Windungen besitzen, die sich nur langsam erweitern und durch eine tief liegende Furche deutlich abgesetzt sind. Die Windungsflanke ist schwach gewölbt und abgeflacht. Die holostome Mündung kann kreisförmig bis gerundet quadratisch sein. Die Oberfläche zeigt mit Spiralstreifen und Spiralleisten deutliche Verzierungen, die neben der Mündungsform als Bestimmungsmerkmale dienen.

3 ***Turritella badensis*** *(5 cm), Tertiär-Miozän, Weitendorf, Steiermark, Österreich.*
4 ***Turritella turris*** *(bis 7 cm), Tertiär-Miozän, Ermingen/Ulm, D.*

1

2

3

4

Viviparus und ***Hydrobia*** gehören zu den in das Brackwasser und Süßwasser vorgedrungenen Caenogastropoden. Sie kommen seit dem Jura vor.

Viviparus suevicus (4 cm), Tertiär-Miozän, Ulm, D, mit kreidig ausgewitterten Schalen.

Viviparus mit einer mittelhohen Spirale mit wenigen, stark zunehmenden Umgängen und kräftig gewölbten Flanken besitzt tief eingesenkte Windungsnähte und eine breitovale Mündung. Die Oberfläche zeigt meist Anwachsstreifen.

Hydrobia semiconvexa (5 mm), T.-Miozän, Ulm, D.

Hydrobia klein mit erhöhtem Gewinde und tiefer Naht, tritt in einzelnen Lagen gesteinsbildend häufig auf (»Hydrobienschichten«).

1 ***Bourguetia saemanni*** *(12 cm), Oberjura-Oxford, Bruntensen/Alfeld, D. Die relativ kräftige Kegelschnecke mit dünnen Schalen kommt fast nur als Steinkern oder als Prägesteinkern (⇨ S. 10) vor. Ihre Oberfläche ist deutlich spiralgestreift.*

2 ***Anchura subpunctata*** *(4 cm), Mitteljura-Aalen, Heiningen/Göppingen, D. Eine in Jura und Kreide verbreitete Schnecke mit turmförmigem Gehäuse, deren Gewindeumgänge jeweils vom nachfolgenden so umgriffen werden, dass nur die hintere Hälfte von außen sichtbar ist. Die ovale, siphonostome Mündung besitzt einen flügelförmigen Rand mit 2 verlängerten, gebogenen Fortsätzen.*

Cypraea – Kreide bis Gegenwart – mit oval-eiförmigem Gehäuse umgreift mit der Endwindung das gesamte Gehäuse, sodass dessen Spirale nicht mehr sichtbar ist. Die langgestreckte, schlitzförmige Mündung besitzt meist gezahnte Innen- und Außenlippen.

3 ***Syphocypraea problematica*** *(6,5 cm), Tertiär-Pliozän, La Belle, Florida, USA.*

4 ***Syphocypraea problematica*** *wie Foto 3, jedoch Gehäuseaufsicht.*

Ficus conditus (5 cm), Tertiär- Mioz., Mantelau, F.

5 ***Strombus coronatus*** *(10 cm), Tertiär-Pliozän,*
6 Siena, Italien, besitzt ein großes, konisches Gehäuse mit verkürztem Gewinde und einer spiraligen, auffallend kräftigen, knotigen Dornenreihe. Die Endwindung hat eine siphonostome Mündung und eine flügelartige Außenlippe. Die Familie kommt seit dem Jura, die Gattung seit dem Tertiär-Eozän vor.

1

2

3

4
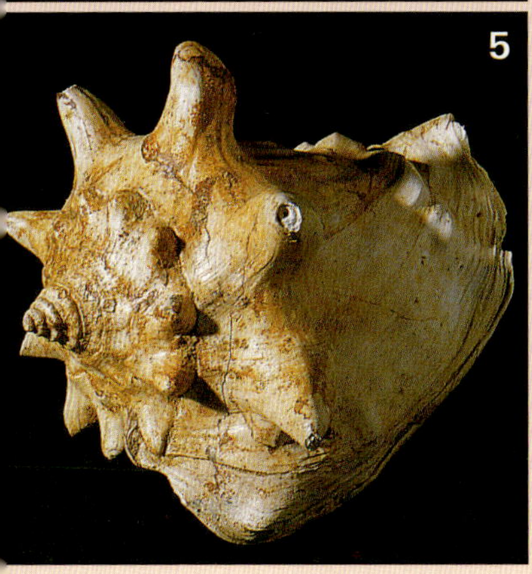
5

6

Unterklasse *Heterostropha*

Bei den heterostrophen Schnecken wechselt das Embryonalgehäuse von linksgewunden zu rechtsgewunden, sie werden dadurch zu Hinterkiemern. Von den hierher gehörenden Gastropoden treten fossil die großwüchsigen Formenkreise der Familien ***Acteonidae*** und um ***Nerineidae*** in den Vordergrund.

Außerdem sind die wohl von einfachen Hinterkiemern abgeleiteten **Lungenschnecken** *(Pulmonata)* seit dem Tertiär fossil bedeutsam.

Die ***Acteonidae*** – Trias bis Kreide – entfalteten sich reich in einigen Kreideformationen (z.B. in der Gosaukreide der Ostalpen). Die dickschaligen, oval-spindelförmigen Gehäuse sind so stark involut, dass die Spirale nur noch als spitze Erhebung aus der Endwindung herausragt. Am Vorderende können sich 3 Spindelfalten bilden. Die aragonitischen Schalen werden oft zu Kalzit umkristallisiert.

1 ***Acteonella*** *(7 cm), Kreide-Turon, Brandenberg, Österr., mit zu Kalzit umkristallisierter Schale.*

Die **Nerineidae** – Jura bis Kreide – entwickeln hoch-türmige Gehäuse, deren Windungsflanken so stark abgeflacht-konkav sein können, dass sich die Nähte zwischen den Umgängen herausheben. Die Außenseite ist kaum verziert. Das Innenvolumen wird durch spiralige Kalklamellen eingeengt. Die Art der Spiralfalten dient der Bestimmung.

2 ***Nerinea tuberculosa*** *(11cm), Jura, Verdun, F.*

Nerinea pailletteana (7 cm), Kreide, in einem Flussgeröll, Steyer, Österreich.

Die **Lungenschnecken** – Karbon bis heute – treten erst seit dem Tertiär verbreitet auf. Inzwischen kennt man ca. 800 fossile und ca. 7000 rezente Arten. Alle Arten haben sich in ihrer Mantelhöhle an die Luftatmung angepasst.

Die **Landlungenschnecken** *(Stylommatophora)* – seit dem Tertiär-Eozän – tragen ihre Augen an einstülpbaren Fühlern und besitzen meist dünnwandige Gehäuse mit holostomer Mündung.

Cepaea (2,5 cm), Tertiär-Miozän, Pflummern, Oberschwaben, D, entspricht unserer heutigen Garten-Schnirkelschnecke mit großer Endwindung und geschlossenem Nabel.

Bei den **Wasserlungenschnecken** *(Basommatophora)* – seit dem Unterjura – sitzen die Augen am Körper, die Gehäuse sind stabil.

3 ***Coretus cornu*** *(3 cm), Tertiär-Miozän, Pflummern, Oberschwaben, D. Eine typische Tellerschnecke (syn. Planorbarius) mit discoidalem Gehäuse und runder Mündung. Die Windungen sind gerundet und besitzen auf der Oberfläche Anwachsstreifen.*

4 ***Radix socialis*** *(2,5 cm), Tertiär-Miozän, Pflummern, Oberschwaben, D. Seit dem Oberjura (Lymnaea) bekannt, besitzt ein hohes Gehäuse mit deutlicher Windungsspitze, großer Endwindung und weiter, ovaler Mündung.*

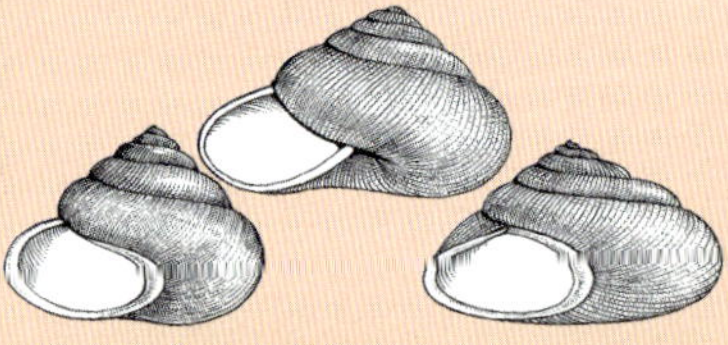

Verschiedene Typen der Schnirkelschnecken

1

2

3

4

Klasse Kopffüßer *(Cephalopoda)*

Die Kopffüßer gliedern sich heute in 2 Gruppen, die ***Palcephalopoda*** (mit den Nautiliden) und die ***Neocephalopoda*** (mit den Ammoniten, Tintenfischen und Belemniten).
Im Verlauf der Erdgeschichte entwickeln sich die Kopffüßer enorm vielgestaltig. Lebensformen mit den Weichkörper umschließendem Gehäuse (Gehäusecephalopoden) wie **Nautiliden** und **Ammoniten** bestimmen diese Tierklasse.
Bei den **Innenschaligen Kopffüßern** *(Coloidea)* mit den **Tintenfischen** und den **Belemniten** bildet sich das Gehäuse sekundär zurück oder ist (wie bei den Kraken) nicht mehr vorhanden.
Die Außenschale der **Gehäusecephalopoden** wächst von einem napfförmigen Anfangsteil ausgehend nach vorn. Der Weichkörper rückt in der länger werdenden Gehäuseröhre nach vorn und gleichzeitig wird der hintere Gehäuseteil mit Querwänden (Septen) abgekammert. Durch das Gehäuse verläuft von der Anfangskammer durch alle Septen bis zur Endkammer (Wohnkammer) ein Gewebestrang (Sipho), der für einen Stoffaustausch in den verlassenen Kammern sorgt.
Die Kammern, zuerst mit einer Flüssigkeit und später mit Gas gefüllt, bilden insgesamt den sog. Phragmokon, der als Schwebeorgan eine schwimmende Lebensweise erlaubt.

Das Gehäuse kann unterschiedlich geformt sein:
1. röhrenförmig verlängert (orthocon),
2. hornförmig gekrümmt (cyrtocon),
3. zu einer offenen Spirale eingerollt (gyrocon),
4. zur Spirale eingerollt (nautilocon).

Nach vorn eingerollte Gehäuse (mit der Ventralseite nach außen) bezeichnet man als exogastrisch. Das sind die meisten Kopffüßerspiralen. Nach hinten eingerollte Gehäuse (Ventralseite nach innen) heißen dagegen endogastrisch.
Bei den weiterentwickelten Gehäusecephalopoden bietet die Ausbildung der Kammerscheidewände (Septen) und deren Verbindung mit der äußeren Gehäusewand, die Lobenlinie (Sutur), eine Bestimmungshilfe.
Der aus dem Gehäuse heraustretende Körperteil entwickelt in seinem hinteren Teil einen Trichter, durch den das Tier Wasser ausstoßen und dadurch eine Schwimmbewegung bewirken kann. Der vordere Körperteil bildet muskulöse Fangarme (Tentakeln), mit denen sich das Tier auch am Meeresboden bewegen kann (»Kopffüßer«).
Das aus Phragmokon mit Sipho und Wohnkammer bestehende Gehäuse ist typisch für alle Gehäusecephalopoden.

1 ***Hoploscaphites cheyennensis*** *(7 cm), Kreide-Fox Hill Formation, South Dacota, USA.*

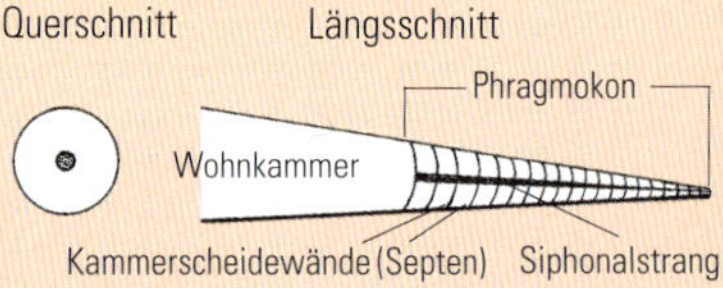

2 (◁) ***Orthoceras*** (35 cm), Silur, Gotland, S, mit zentralem Siphonalkanal. Links: Ausschnitt.

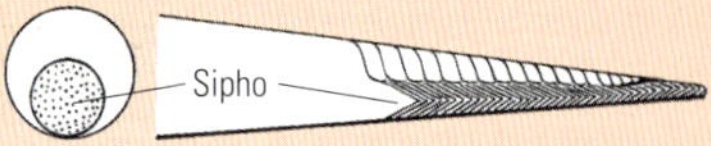

3 (◁) ***Endoceras*** (24 cm), Silur, Groarnshavud, Schweden, mit randlich liegender Siphonalröhre. Links: Ausschnitt. Beide zählen zu den ältesten und fossil häufigen Vorläufern der Ammoniten und Nautiliden (➪ auch S. 60).

1

2

3

Unterklasse Nautiliden *(Palcephalopoda)*

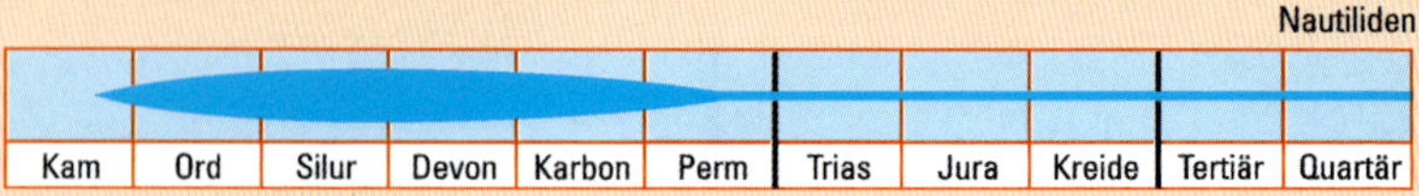

Hier werden die altpaläozoischen Formen ***Endoceratoidea*** *und* ***Actinoceratoidea*** mit den ***Nautiloidea*** zusammengefasst.
Die **Nautiliden** sind besonders im Paläozoikum und im Mesozoikum verbreitet. Sie reichen mit einem Relikt (Nautilus, auch »Perlboot« genannt) bis in die Gegenwart.

Nautilus- (»Perlboot«-)Gehäuseschnitt (17 cm) mit nach hinten gerichteten Siphonaldüten in den Phragmokonkammern; davor die perlmuttopalisierende Wohnkammer.

Mit meist zur Wohnkammer hin nach innen gekrümmt (konkav) ausgebildeten Kammerscheidewänden besitzen sie einfache Lobenlinien.
Ihre Gehäuse sind geradegestreckt, leicht gekrümmt oder spiralig eingerollt.
Im Ordovizium entwickeln sie großwüchsige (Endoceraten bis 9 m!), langgestreckte (orthocone) und seit dem Ende des Paläozoikums nur noch eingerollte Formen.

Endoceras – Ordovizium bis Silur –, weltweit verbreitet im Ordovizium, mit langem, geradem (orthokonem) oder schwach gekrümmtem (cyrtokonem) Gehäuse, besitzt einfache, zum Gehäuseanfang hin gewölbte Septalwände im Phragmokon. Die weite, randlich liegende Siphonalröhre kann sich durch spitztütenförmige Kalkablagerungen ausfüllen, die oft isoliert fossil gefunden werden (»Spieß«). Fotos ➪ S. 58 und 59.

Orthoceras – Ordovizium bis Trias – mit langem, geradem Gehäuse und einem ziemlich engen zentralen Siphonalkanal. Fotos ➪ S. 58 und 59.
Nach neueren Erkenntnissen könnten die Orthoceren auch Vorläufer der Neocephalopoden sein.

Lituites – Ordovizium – mit spiralig eingerolltem, kleinerem Anfangsteil (3-4 lose aneinander liegende Windungen) und großem, orthoconem Endabschnitt.

1 ***Lituites lituus*** *(bis 10 cm), Ordovizium, Öland, Schweden.*
2 ***Lituites lituus****, Gehäuseschnitt (8,5 cm), Ordovizium, Öland, Schweden.*
3 ***Estonioceras*** *(13 cm), Ordovizium, Öland, Schw.*
4 ***Pleuroncoceras nodosum*** *(14 cm), Devon, Bergisch Gladbach, D.*

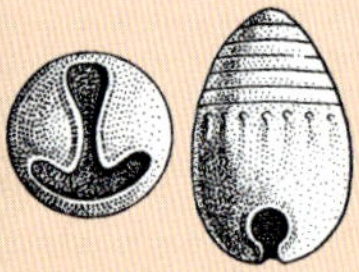

Gomphoceras

Gomphoceras inflatum (7 cm), Devon, Gerolstein, Eifel, D. Mit gedrungenem, fast eiförmigem Gehäuse, kurzem Phragmokon, Perlschnursipho und einer schlitzartig engen Mündung.

1

2

3

4

Die zunehmende Spiraleinrollung der **Nautiliden** verbessert ihre Schwimmfähigkeit. Es entwickeln sich ab dem Jura stärker eingerollte Nautiliden, deren Wohnkammer einen Teil des Phragmokons umschließt (Involution).

Metacoceras artiense (4 cm), Perm, Ural, Russl., ein schon ziemlich involuter Nautilide mit Knoten an der Außenseite der Windungen. Loben flach.

Germanonautilus tridorsatus (13 cm), Trias-Muschelkalk, Bad Mergentheim, D, Besitzt ein planspiralig eingerolltes Gehäuse mit sich stark erweiterndem, fast quadratischem Windungsquerschnitt und engem, tiefem Nabel.

Grypoceras obtusus (8 cm), Trias-alpin-Karn, Salzkammergut, Österreich, ist ein stark involuter Nautilide mit halbkreisförmigen Lobenlinien.

Germanonautilus-Querschnitt (5 cm), Trias-Muschelkalk, Crailsheim, D.

Aturia morrisii (1,6 cm), Tertiär-Miozän, San Cesarea, Lecce, Italien, ist völlig involut mit engem Nabel und nach hinten spitz zulaufender Lobenlinie.

1 ***Cenoceras inornatum*** *(12 cm), Unterjura-Toarc, Dotternhausen/Balingen, D, ist sehr involut mit meist etwas abgeflachter Außenseite und auf der Windungsflanke kräftig nach hinten ausgebuchteten Loben.*

2 ***Cenoceras striatum*** *(10 cm), Unterjura, Tuningen, Schwäbische Alb, D.*

3 ***Pseudaganides aganiticus*** *(10 cm), Jura-Kimmeridge, Geisingen/Donau, D, ist stark involut mit engem Nabel. Die Lobenlinien sind tief ausgebuchtet.*

4 ***Deltocymatoceras leiotropis*** *(18 cm), Kreide-Coniac, Erwitte, D, besitzt geblähte, in einen Kiel übergehende Flanken mit nach vorn bogenartig gewölbten Rippen.*

1

2

3

4

Unterklasse Ammoniten *(Ammonoidea)*

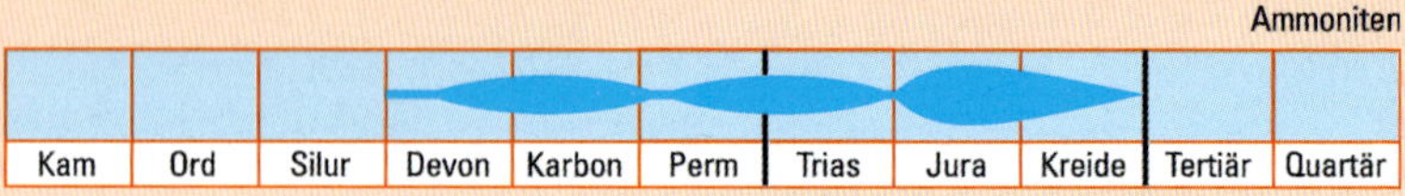

Die **Ammoniten** sind die fortschrittlichere Gruppe der Gehäusecephalopoden. Vom Devon ab und im Mesozoikum formenreich und höchst differenziert entfaltet, finden sich ihre Fossilien weit verbreitet vor allem in Mittel- und Westeuropa. Sie sind als Leitfossilien von größter Bedeutung und werden weltweit angetroffen. Sie besitzen überwiegend ein planspirales Gehäuse mit sich mehr oder weniger umfassenden Windungen (involut) und mit oft kräftiger Schalenverzierung. Ihre Kammerscheidewände (Septen) sind flach bis schwach nach vorn gekrümmt (konvex) und verfalten sich stark im äußeren Bereich, sodass die Lobenlinie (Suturlinie) ebenfalls kräftig verfaltet und zerschlitzt ist mit nach hinten gerichteten und spitz endenden Loben und nach vorn zeigenden, meist gerundeten Sätteln. Man nimmt an, dass Ammoniten mit stärkerer Lobenverfaltung ihre Kammerflüssigkeit schneller verändern und sich dadurch im Wasser besser bewegen konnten.
Die Siphonalröhre ist dünn und verläuft randlich an der Außenseite. Nur die *Clymenien* (Oberdevon) verlagern ihre Siphonalröhre nach dem Jugendstadium auf die Innenseite.
Aufgrund der dünnen Ammonitenschale und schwachen Perlmutterschicht bilden sich die Schalenverzierungen auch am Steinkern ab. Bestimmungsmerkmale liefern Gehäuseform, Schalenstruktur und Lobenlinie.

Bactrites, Silur

Die Ammoniten entwickelten sich aus den **Bactriten**, die schon im Silur eine Lobenlinie besaßen.

Die Ammoniten unterscheiden sich von den Schnecken durch ihr meist planspiraliges Gehäuse, das sie im vorderen Teil bewohnen, wobei sie mit einem Kanal Verbindung zu ihrem Kammersystem halten.

Kammerwand ***Aspidoceras***, Loben und Sättel.

A = Adventivlobus
E = Externlobus
I = Internlobus
L = Laterallobus
n = Nahtlinie
U = Umbillikallobus

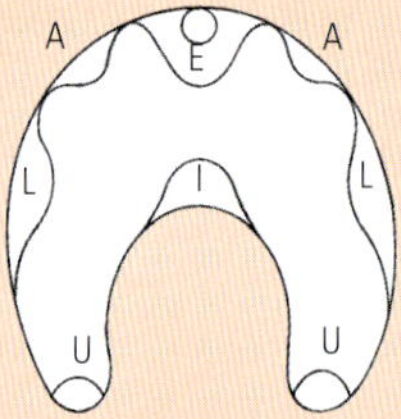

Typische Lobenlinien (Suturlinien)

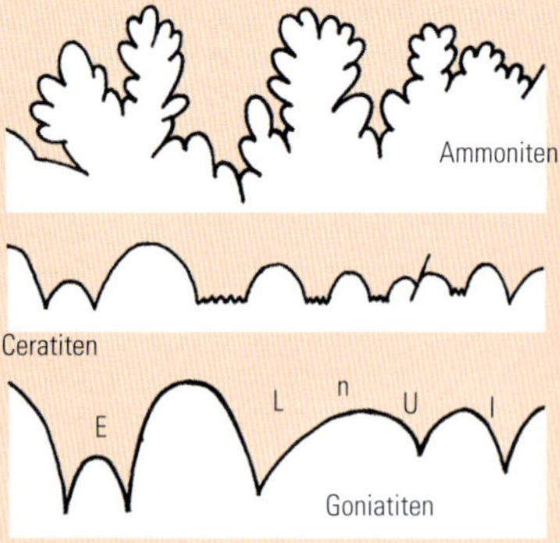

1 ***Placenticeras meeki*** *(10 cm), Oberkreide, Fox Hill, South Dakota, USA. Ammoniten-Steinkern mit auffällig ausgebildeter Lobenlinie.*

1

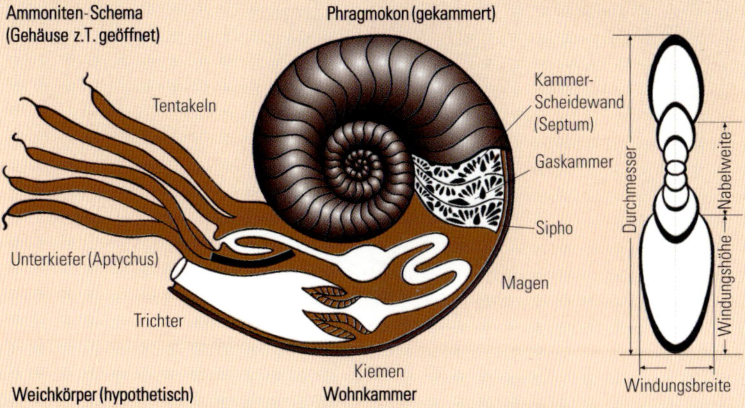
Ammoniten-Schema
(Gehäuse z.T. geöffnet)
Phragmokon (gekammert)
Tentakeln
Kammer-
Scheidewand
(Septum)
Gaskammer
Sipho
Unterkiefer (Aptychus)
Magen
Trichter
Kiemen
Weichkörper (hypothetisch)
Wohnkammer
Durchmesser
Nabelweite
Windungshöhe
Windungsbreite

In der Unterklasse ***Ammonoidea*** werden heute alle Ammoniten zusammengefasst, sowohl die früher als »Altammoniten« bezeichneten 'Goniatiten' wie die »Mittelammoniten« ('Prolecaniten und Ceratiten') und die »Neuammoniten« (mit allen Jura- und Kreide-Ammoniten).

Nach den Bactriten (Ordnung *Bactritida*) beeinflusst die Ordnung ***Anarcestida*** alle späteren Ammoniten. Die hier eingeordneten Gattungen besitzen nur einfache Lobenlinien mit wenigen Loben und noch einen den Nautiliden entsprechenden Sipho mit nach hinten gerichteten Siphonaldüten (Foto ⇨ S.60 links). Typische Vertreter sind ***Anarcestes*** und ***Manticoceras***.

Anarcestes (3,5 cm), Devon, Erfoud, Marokko. Weitnabeliger Ammonit mit fast kreisrunden Windungen und zurückgebogener Lobenlinie.

Sporadoceras (6 cm), Oberdevon, Tazilouait, Marokko, mit goniatitischen Lobenlinien ohne Einschnürungen.

Ein **»Goniatit«** ([illegible] cm) mit abgeschliffener, polierter Oberfläche – ein hübsches und typisches Mitbringsel aus dem Devon von Marokko.

Die Ammoniten der Ordnung ***Clymeniida***, die als einzige den Sipho auf der Innenseite haben, kommen nur im Oberdevon und dort zugleich weltweit verbreitet vor. Sie sind deshalb ideale Leitfossilien. Durch ihr weitnabeliges, flach-scheibenförmiges, windungsreiches Gehäuse heben sich die Clymeniiden von allen anderen Oberdevon-Ammoniten ab. Ihre glatte Gehäuseoberfläche zeigt schwache Anwachsstreifen.
Zur Ordnung ***Goniatitida*** gehören die meisten Ammoniten von Devon bis Perm. Zu ihnen zählen die Gattungen ***Tornoceras***, ***Cheiloceras*** und ***Sporadoceras***. Ihre Siphonaldüten sind wie bei allen späteren Ammoniten nach vorn gerichtet.

1 ***Manticoceras cordatum*** *(11 cm), Devon-Adorf, Sauerland, D, besitzt ein hochmündiges, breit scheibenförmiges Gehäuse mit relativ engem Nabel. Die Lobenlinie zeigt auf der Windungsflanke einen weit ausholenden Sattel.*
2 ***Platyclymenia*** *(6 cm), Oberdevon, Sauerland, D, unterscheidet sich durch gerade Rippen mit flachen Mulden dazwischen auf der Außenflanke.*
3 ***Cheiloceras*** *(1,8 cm), Oberdevon, Nehden, D. Sein stark involutes Gehäuse mit kleinem Nabel wird durch die breiten Windungen beinahe kugelig. Der Steinkern zeigt radiale Einschnürungen, die von Verdickungen der Schaleninnenseite stammen.*
4 ***Tornoceras bilobatum*** *(2 cm), Oberdevon, Nehden, D, ist klein und sehr engnabelig, mit breiten Windungen.*

1

2

3

4

Die **Ammoniten** entfalteten sich im Verlauf der Erdgeschichte in 3 Phasen (⇨ S. 64 oben). Ihrer ersten Blütezeit von Devon bis Perm folgt nach rückläufigen Phasen ein neuer Schub mit der Formenvielfalt der ***Ceratitida*** in der Trias. Bis zum Ende der Trias verschwinden fast alle Ammoniten. In Jura und Kreide kommt es dann zu einer letzten, gewaltigen Entfaltung, bevor sie zum Ende der Kreidezeit aussterben.

Die Ordnung ***Ceratitida*** entwickelte sich aus Vorläufern im Oberperm und bekam ihren Namen von der Gattung ***Ceratites***, die heute in einige selbstständige Gattungen aufgeteilt ist. Zur Ordnung *Ceratitida* zählen die meisten Trias-Ammoniten (»Mittel-Ammoniten« = *Mesoammonoidea).* Sie erlöschen bis zum Ende der Trias.

Discoceratites intermedius (15 cm), Trias-Muschelkalk, Northeim, D. Ein Steinkern mit ausgewitterten, typischen Ceratiten-Lobenlinien.

Ceratitenfund (9 cm) im Muschelkalk.

Die Gattung ***Ceratites*** besitzt mäßig weitgenabelte Gehäuse mit relativ hohen Windungen, die einen rechteckig-runden bis hochovalen Querschnitt zeigen. Die einfachen, weitstehenden Rippen an den Flanken können zu kräftigen Knoten verdickt sein. Die Gattung ist in der Mitteltrias weltweit verbreitet und stellt ein Leitfossil im Muschelkalk dar.

1 ***Ceratites nodosus*** *(19 cm), Trias-Muschelkalk, Vahlbruch/Westfalen, D, mit gerundet quadratischen Windungen; besitzt kräftige Einzelrippen mit einem Knoten an der Außenflanke.*

Tropites bullati (10 cm), Trias-alpin-Karn, Hallstatt-Kalke, Österreich, ist ein tonnenförmiger, außen berippter und beknoteter, treppenförmig eingerollter Ammonit mit offenem Nabel und einem runden Außenkiel.

2 ***Margarites bispinosi*** *(6,5 cm), Trias-alpin-Karn, Hallstatt-Kalke, Österreich, ist weitnabelig mit Außenkiel und Flankenknoten.*

3 ***Cladiscites subtornatus*** *(11 und 10 cm), Trias-alpin-Karn, Hallstatt-Kalke, Österreich, mit außen abgerundetem Windungsquerschnitt. Oben: Steinkern mit zerschlitzten Lobenlinien; unten: Medianschnitt mit Kalzitkristallen in den Phragmokonkammern.*

4 ***Cladiscites multilobatus*** *(6 cm), Trias-alpin-Karn, Hallstatt-Kalke, Österreich, besitzt eine stark zerschlitzte Lobenlinie und ein sehr involutes, dick scheibenförmiges Gehäuse mit fast rechteckigem Windungsquerschnitt und auffallender Spiralstreifung.*

1

2

3

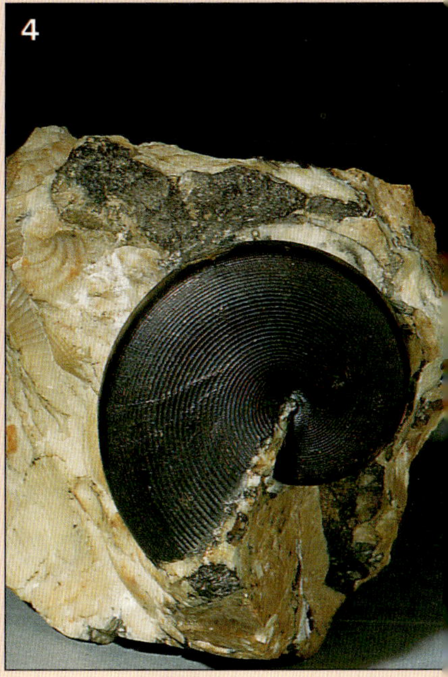
4

Die Formenvielfalt der ***Ceratitida*** soll durch die Bildauswahl auf diesen Seiten gezeigt werden. Die meisten Arten kommen an vielen Stellen der Erde vor, z.B. im Himalaja und in Alaska. Ammoniten aus der alpinen Trias wurden vor ca. 230 Millionen Jahren abgelagert und in hartem Kalk versteinert. Durch die Alpenfaltung öffnen sich mitunter in großen Höhen zufällig die harten Felsbrocken und zeigen die meist zerbrochenen Reste urzeitlichen Lebens. Nur mühsames Bergen nach oft strapaziösem Auf- und Abstieg und sorgfältiges Präparieren führen dann zu hochwertigen Fossilien.

Pinacoceras metternichi (13 cm), Trias-alpin-Karn, Hallstatt-Kalke, Salzkammergut, Österreich. Einer der größten Trias-Ammoniten (bis zu 1,5 m); flach-scheibenförmig, hochmündig und involut mit glatter Schale; hier als Steinkern, der die besonders fein zerteilte Lobenlinie zeigt.

▽ ***Discotropites plinii*** (11 cm), Trias-alpin-Karn, Hallstatt-Kalke, Salzkammergut, Österreich. Gehäuse involut, außen spitz zulaufend mit Kiel, Seiten wellig gefurcht.

1 ***Trachyceras margaritosa*** *(6,5 cm), Trias-alpin-Karn, Hallstatt-Kalke, Salzkammergut, Österreich, ist schwach involut mit trapezförmig-rundem Rücken und hat leicht nach vorn geschwungene, knotenbesetzte Rippen und geschlitzte Loben.*

2 ***Didymites quenstedti*** *(5 cm), Trias-alpin-Karn, Hallstatt-Kalke, Salzkammergut, Österreich, ist involut mit rund-ovalem, zur Wohnkammer hin gestreiftem Gehäuse.*

3 ***Jovites bosnensis*** *(9 cm), Trias-alpin-Karn, Hallstatt-Kalke, Salzkammergut, Österreich. Stark involut mit geblähten, gestreiften Seiten, schwachem Kiel und enger Mündung.*

4 ***Sirenites striatofalcatus*** *(3 cm), Trias-alpin-Karn, Salzkammergut, Österreich, mit mittelweitem Nabel, deutlich gefurchten Seiten und 2 Knotenreihen außen.*

5 ***Arcestes didymus*** *(8 cm),* ***A. angustilobatum*** *(10 cm),* ***A. cheilostomus*** *(6 cm), Trias-alpin-Karn, Salzkammergut, Österreich, besitzen extrem involute, fast kugelige Gehäuse ohne sichtbaren Nabel, glatte Oberflächen und kragenartig verengte Mündungen.*

1

2

3

4

5

Nur wenige Linien der **Ammoniten** reichen bis in die oberste Trias hinein. Aus ihnen entfalten sich die Ammoniten vom untersten Jura an bis zum Ende der Kreide zu ihrer höchsten Entwicklungsstufe und sterben dann aus. Sie schaffen eine noch größere Vielfalt an Formen als je zuvor und werden im Allgemeinen, trotz einiger kleinwüchsiger Typen, etwas größer. Die Loben und Sättel ihrer Lobenlinie (Sutur) zerschlitzen sich weiter.

Neben den beiden weltweit verbreiteten, langlebigen und formenarmen Ordnungen ***Phylloceratida*** und ***Lytoceratida*** und den von der normalen Ammonitenspirale abweichenden ***Ancyloceratida*** nimmt die Ordnung ***Ammonitida*** den größten Teil der Jura- und Kreide-Ammoniten auf.

Pleurolytoceras hircinum (4 cm), Jura-Torac, Mistelgau/Bayreuth, D. Mit typischen Einschnürungen im Pyritsteinkern.

Phylloceras ist ein sich wenig abwandelnder und langlebiger Ammonitentyp (Unterjura bis Oberkreide), der wohl im offenen Ozean in bis zu 500 m Tiefe lebte. Die Gattung *Phylloceras* besitzt eine dick scheibenförmige Gestalt und eine sehr involute, engnabelige Gehäusespirale.

Die Windungen sind hochoval mit flach gewölbter Flanke und runder Außenseite. Auf der meist glatten Oberfläche können Radialwellen und dichtstehende Anwachsstreifen auftreten. Die stark zerschlitzte und sich blattförmig nach vorn erweiternde Lobenlinie kommt ähnlich bei keiner anderen Ammonitengruppe vor.

1 ***Phylloceras heterophyllum*** *(3 cm), Jura-Toarc, Mende, Frankreich. Pyritsteinkern mit typischen 3-blättrigen Sattelenden in den Lobenlinien.*

2 ***Phylloceras heterophyllum*** *(6,5 cm), Jura-Toarc, Altdorf/Nürnberg, D. Schalenerhaltung.*

Die Ammoniten der Ordnung ***Lytoceratida*** (Unterjura bis Oberkreide) sind oft typische und häufige Fossilien. Der »Jurensis-Mergel« des süddeutschen Unterjura ist durch die dort häufig vorkommende Art *Lytoceras jurense* gekennzeichnet.

Auf einer weitnabeligen Gehäusespirale umgreifen sich die hochovalen bis fast kreisförmigen Windungen kaum. Die Oberfläche zeigt oft kräftige Anwachsstreifen oder auch feine Radialrippen. Radiale Schalenverdickungen auf der Gehäuseinnenseite können zu typischen Einschnürungen am Steinkern führen. Die Lobenlinie ist sehr fein verzweigt.

3 ***Lytoceras fimbriatum*** *(13 cm), Jura-Toarc, Dotternhausen/Balingen, D. Ein im Tonschiefer zusammengepresster Ammonit (⇨ S. 14); bei Schalenerhaltung mit etwas nach vorn gerichteten und nach hinten gewellten Rippen.*

4 ***Pachylytoceras torulosum*** *(9 cm), Jura-U-Aalen, Mistelgau/Bayreuth, D. Verdrückt mit vielen Einschnürungen im Pyritsteinkern.*

◁ ***Lytoceras jurense*** (15 cm), Jura-Torc, Heiningen/Göppingen, Schwäbische Alb, D; im Bild mit einem Ammoniten *Grammoceras* (8 cm). Wird meist wie hier als glatter Steinkern gefunden und zeigt dann die sehr fein verzweigte Lobenlinie. Bei Schalenerhaltung ist die gestreifte Rippung der Oberfläche zu erkennen.

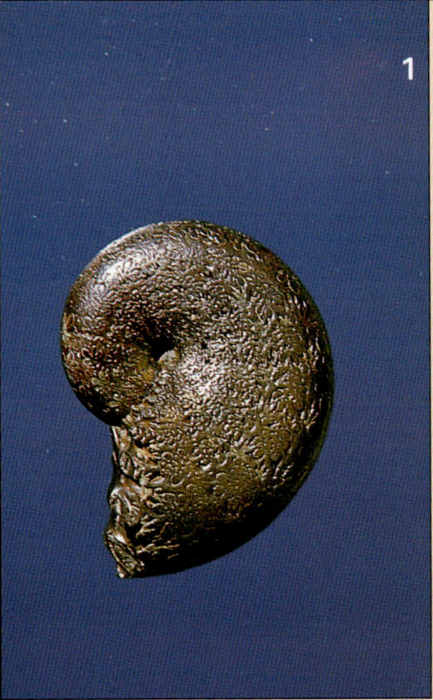
1

2

3

4

Die Ordnung ***Ancyloceratida*** fasst Ammoniten der Kreidezeit zusammen, deren Gehäuse von der typischen Spiralform abweicht (Kreide-Heteromorpha). Sie besitzen eine von allen anderen Ammoniten abweichende 4-lobige Lobenlinie der zweiten Kammerwand (Primärsutur).

Spätformen der Ancyloceraten konnten sich wieder zur normalen Gehäusespirale zurückentwickeln wie z.B. *Douvilleiceras* (Foto 5).

Baculites (8 cm), Kreide, Montana, USA, mit stabförmigem Gehäuse (bis 2 m). Der Anfangsteil mit 2 Spiralwindungen ist selten erhalten.

Ptychoceras emericianum (8 cm), Kreide-Barreme, V.d.Verdon, Frankreich, mit etwa zur Gehäusemitte zurückgebogenem Abschnitt, der sich mit der Mündung an den Anfangsteil anlegt.

1 ***Crioceras*** *(13 cm), Unterkreide, Hubkogel, Bad Ischl, Österreich, mit loser Spirale und rundovalen Windungen, die durch Rippen und Knoten verstärkt werden.*

2 ***Acrioceras*** *(8 cm), Unterkreide, Castellane, Frankreich. Spiralig beginnendes, langgestrecktes, sich wieder zurückbiegendes Gehäuse mit umlaufenden, in Abständen knotigen Rippen.*

3 ***Tropaeum drewi*** *(40 cm), Kreide-Apt, Rothenberge, Westfalen, D. Ein großer Ammonit mit dicht anliegenden, feingerippten Windungen, die im Wohnkammerbereich kräftige, weitstehende Rippen zeigen.*

4 ***Austrialiceras irregular*** *(7 cm), Kreide-Apt, Queensland, Australien, bildet eine offene Spirale mit rundem Querschnitt. Die Windungen weisen kräftige, umlaufende Rippen auf, die bis zur Wohnkammer in Abständen mit Knoten besetzt sind.*

5 ***Douvilleiceras mammillatum*** *(10 cm), Kreide-Alb, St. Parres/Troyes, Frankreich, mit weitnabeliger, wieder zurückgebildeter Spirale. Die heraustretenden Radialrippen zeigen in Spiralreihen angeordnete Knoten.*

6 ***Discoscaphites conradi*** *(6 cm), Oberkreide, Fox Hill Formation, Oberkreide, South Dakota, USA, mit knieförmig zurückgebogener Endwindung.*

▽ ***Hyphantoceras reussianum*** (13 cm), Kreide-Turon, Halle, Westfalen, D, dessen Spirale sich wie bei allen Hyphantoceraten korkenzieherartig auflöst. *Hyphantoceras* und *Scaphites* überlebten noch knapp die Zeitgrenze Kreide/Tertiär.

1

2

3

4

5

6

Die Ordnung ***Ammonitida*** nimmt nach den *Phylloceratida, Lytoceratida* und *Ancyloceratida* alle verbleibenden Jura- und Kreideammoniten auf. Sie entfaltet sich in zahlreiche, oft kurzlebige, vielfach abgewandelte Formenkreise und bestimmt die Fossilgemeinschaften in Jura und Kreide. Die Tiere leben vorwiegend im flachen Meer und dominieren in den mesozoischen Schelfmeergebieten.

Diese Doppelseite zeigt einige der ersten Jura-Ammoniten, die in der Überfamilie ***Psilocerataceae*** zusammengefasst sind und nur am Beginn des Unterjura vorkommen.

Schlotheimia germanica (3 cm), Jura-Hettang, Buer, Westfalen, D. Fund in harten Tonschichten.

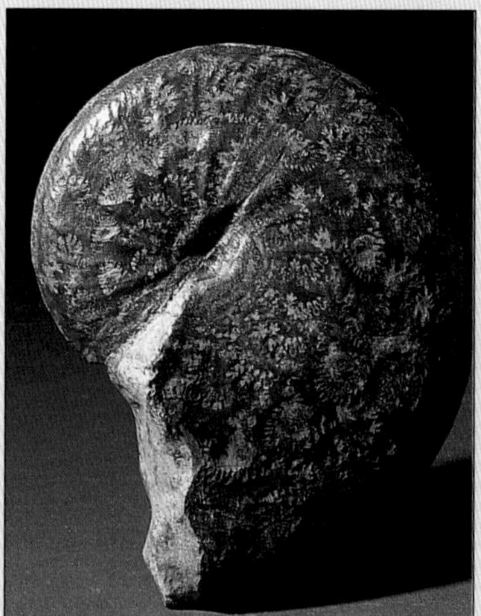

Radstockiceras complanosum (10 cm), Jura-U-Pliensbach, Kirchheim, D. Engnabelig, diskusförmig und außen schwach gefaltet.

1 ***Psiloceras planorbis*** *(4,5 cm), Jura-Hettang, Bebenhausen, Schwäbische Alb, D. Flach scheibenförmig mit sehr weitnabeligem Gehäuse und hochovalem Windungsquerschnitt; Oberfläche glatt bis fein gestreift.*

2 ***Oxynoticeras oxynotum*** *(5 cm), Jura-Sinemur, Schömberg, D, hat ein sehr engnabeliges Gehäuse, dessen spitz zulaufende Außenseite nach vorn gerichtete Faltenrippen trägt. Pyritsteinkern mit den typischen Lobenlinien.*

3 ***Coroniceras rotiforme*** *(25 cm), Jura-Sinemur, Wutachgebiet, D, gehört zu den größeren Arieten der Familie Arietitidae mit gekielter Externseite und kräftigen, meist geraden Rippen mit Knoten auf der Außenseite.*

4 ***Vermiceras scilla*** *(7,5 cm), Jura-Sinemur, Biesingen, D. Ein kleinerer, extrem weitnabeliger Ariet mit schwach vorgebogenen Radialrippen und einem spitz zulaufenden Außenkiel.*

5 ***Paltechioceras hoffmanni*** *(3 cm), Jura-Sinemur, Sunthausen, D. Ein flacher, sehr weitnabeliger Ammonit mit rundem Windungsquerschnitt, vielen gleichmäßig stehenden Radialrippen auf den Flanken, zahlreichen Umgängen und schwachem Kiel.*

6 ***Schlotheimia germanica*** *(6 cm), Jura-Hettang, Buer, Westfalen, D. Ein mäßig weitnabeliger Ammonit mit kräftigen, radialen, außen vorgebogenen und in einer Außenfurche spitzwinklig endenden Rippen mit trapezförmig-rundem Windungsquerschnitt.*

Echioceras raricostatum (2 cm), Jura-Sinemur, Schömberg, D; hier im Ton präpariert. Sehr weitnabelig mit kräftigen, weitstehenden Radialrippen, die sich zunehmend zahlenmäßig verringern.

1

2

3

4

5

6

In der Überfamilie ***Eoderocerataceae*** sind meist flache Ammoniten mit weitem Nabel zusammengefasst, deren außen breitere Rippen (oft mit Knoten) über die Außenseite führen (»Ringripper«). Beispiele dafür sind ***Microderoceras, Dactylioceras, Amaltheus*** und ***Pleuroceras***.

Die meist durch einen Außenkiel und sichelförmige Anwachsstreifen auf den Flanken gekennzeichneten »Sichelripper« der Überfamilie ***Hildocerataceae*** sind vorwiegend hochmündig. Beispiele dafür sind ***Hildoceras, Strigoceras, Leioceras*** und ***Oppelia***.

Pleuroceras reichenbachense (3,5 cm), Jura-Pliensbach, Reichenbach, D, mit größerer Nabelweite, quadratischem Windungsquerschnitt und kräftigen Radialrippen, die einen Zopfkiel bilden. Eine 6 cm große Pyritkonkretion mit Oktaederkristallen schließt diesen für die Fundstelle in der Schwäbischen Alb typischen Ammoniten ein.

Strigoceras truelli (7 cm), Jura-Bajoc, Bayeux, Frankreich, ist sehr engnabelig mit steil einfallendem Nabelrand, das Gehäuse flach diskusförmig mit lanzettartigem Windungsquerschnitt. Die Sichelrippung verdickt sich auf der Außenflanke. Der hohe, abgesetzte Hohlkiel auf der spitz zulaufenden Außenseite bleibt selten erhalten.

1 ***Microderoceras birchi*** *(17 cm), Jura-Sinemur, Lyme Regis, England. Ein mittelgroßer, flacher Ammonit mit quadratischem Windungsquerschnitt und geraden Radialrippen, die flacher die Außenseite überqueren und an den Flanken innen und außen mit Knoten besetzt sind.*

3 ***Dactylioceras athleticum*** *(6 cm), Jura-Toarc, Schlaifhausen, Franken, D, ist weitnabelig mit gleichmäßiger Berippung, die gespalten über die Außenseite führt. Die Doppelschale kann zu unterschiedlicher Fossilerhaltung führen.*

5 ***Amaltheus margaritatus*** *(4,5 cm), Jura-Pliensbach, Heiningen/Göppingen, D, ist ziemlich engnabelig mit scheibenförmigem Gehäuse und nach vorn abbiegenden Radialrippen, die auf der schmalen Außenseite zu einem Zopfkiel zusammentreffen.*

2 ***Hildoceras*** *(5,5 cm), Jura-Toarc, Whitby, England, ist klein bis mittelgroß mit einer Spiralfurche und nach außen kräftigen Sichelrippen auf den Flanken. Die Außenseite zeigt einen Kiel und Nebenfurchen. Hier in einer im küstennahen Meer abgerollten Konkretion.*

4 ***Leioceras opalinum*** *(4 cm), Jura-Aalen, Heiningen/Göppingen, D, mit flachem, engnabeligem und sehr hochmündigem Gehäuse, außen zugeschärft und mit Sichelrippen. Hier mit Kreideschale. Leitfossil im unteren Mitteljura.*

6 ***Oppelia subradiata*** *(4,5 cm), Jura-Bajoc, Evrecy, Normandie, Frankreich, ist sehr engnabelig, diskusförmig mit zugeschärfter Außenseite, die einen schwachen, später flach werdenden Kiel aufweist; kräftige Sichelrippen mit Schaltrippen auf dem äußeren Flankenteil.*

1

2

3

4

5

6

Die Überfamilie ***Stephanocerataceae*** fasst Ammoniten mit gleichmäßig berippter Außenseite zusammen. Beispiele dafür sind ***Stephanoceras, Teloceras, Macrocephalites*** und ***Kosmoceras***. Auch im Jura entwickeln einige Ammoniten außergewöhnliche Formen wie z.B. ***Oecoptychius*** und ***Spiroceras***.

Die Unterscheidung von weiblichen (Makrokonche) und männlichen (Mikrokonche) Ammoniten, der **Geschlechtsdimorphismus**, ist noch nicht gesichert. Die Gehäuse der Makrokonche sollen viel größer sein als die der oft mit Mündungsohren versehenen Mikrokonche.

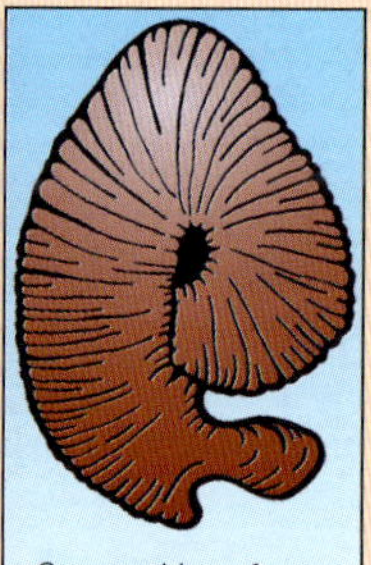

Oecoptychius refractus

Oecoptychius refractus (1,5 cm), Jura-Callov, Bad Boll, D, ist ein kleiner, sehr engnabeliger Ammonit mit breiten, von feinen Radialrippen verzierten Windungen, deren letzte in spitzem Winkel knieförmig abbiegt. Auf diesem Pyritsteinkern (Foto links) ist der verengte Mündungsrand mit ovalen Ohren (in der Zeichnung unten) nicht zu sehen.

Die Forschungen zur Biologie der **Ammoniten** sind noch nicht abgeschlossen. Man rechnet mit einem Durchschnittswachstum der Ammoniten von 1-7 Jahren. Sie pflanzten sich vermutlich wie die heutigen Tintenfische ohne Brutpflege mit vielen kleinen Eiern in befestigten Gelegen fort. Mit dem Embryonalgehäuse (Ammonitella, meist 0,5-1,5 mm) im Ei konnte sich die wohl als fertige Jungtiere ausgeschlüpfte Ammonitenbrut sofort im Wasser bewegen.

1 ***Stephanoceras humphriesianum*** *(12 cm), Jura-Bajoc, Evrecy, Normandie, Frankreich, ist weitnabelig mit zunehmender Dicke der querovalen Windungen. Der Nabel liegt dadurch tief. Radialrippen enden in der Flankenmitte in einem Knoten, von dem Gabelrippen unverändert über die Außenseite führen.*

2 ***Teloceras*** *(22 cm), Jura-Bajoc, Beuren, Schwäbische Alb, D, mit großer Windungsbreite und tief liegendem, mäßig weitem Nabel. Von den kegelartigen, kräftigen Knoten auf der hohen, kurzen Flanke ziehen Zwei- bis Vierfachrippen über die Außenseite, dazwischen liegen enger stehende Außenrippen.*

3 ***Macrocephalites tumidus*** *(3 cm), Jura-Callov, Uetzing, Franken, D, mit engem, tiefem Nabel und breitovalem Windungsquerschnitt. Die Rippen gabeln sich im unteren Teil der Flanke und ziehen über die Außenseite. Der »Goldschneckle«-Effekt entsteht durch eine irisierende Oxidhaut auf dem Steinkern.*

4 ***Kosmoceras ornatum*** *(3 cm), Jura-Callov, Albstadt, Schwäbische Alb, D, mit mäßig weitem Nabel und rundlichen Windungen, 2 Knotenreihen neben der eingesenkten Außenseite und 1 Knotenreihe auf den Flanken.*

5 ***Macrocephalites macrocephalus*** *(6 cm), Jura-*
6 *Callov, Blumberg, D, ist eine noch größer werdende Art dieser Gattung. Ihre Alterswindungen sind mitunter skulpturlos. Der Ammonitenfund (Foto 5) lässt nur den Umriss und ein kleines Stück der typischen Rippung erkennen.*

◁ ***Spiroceras orbigny*** (2,3 cm), Jura-Bajoc, Eningen, Schwäbische Alb, D, ist ein kleiner, entrollter (heteromorpher) Ammonit mit Radialrippen und Knotenreihen an der oberen Flanke und außen.

1

2

3

4

5

6

In der Überfamilie ***Perisphinctaceae*** sind vielgestaltige Ammoniten zusammengefasst mit meist scheibenförmigem Gehäuse und hochovalen Windungen. Zwischen den immer vergabelten Radialrippen bilden sich oft zusätzliche Schaltrippen. Als typische Vertreter gelten ***Arisphinctes, Ataxioceras*** und ***Crussoliceras***.
Die Formenvielfalt zeigen ***Hybonoticeras, Gravesia, Sutneria*** und ***Parkinsonia***.

Arisphinctes plicatilis (6 cm), Jura-Oxford, Sengenthal, D, dessen Radialrippen sich auf der Flanke außen meist zweirippig vergabeln und dann über die Außenseite ziehen.

Ataxioceras hypselocyclum (5 cm) und ***A. lothari*** (8 cm), Jura-Kimmeridge, Geisingen, D. Beide besitzen Radialrippen, die sich in der Flankenmitte in 3-4 Spaltrippen teilen. Dazwischen können Schaltrippen auftreten.

▷ ***Crussoliceras*** (16 cm), Jura-Kimmeridge, Geisingen, D, hat wenig umgreifende Windungen und weitstehende Radialrippen, die am Flankenende vergabelt über die Außenseite führen. Windungen oft mit Einschnürungen.

1 ***Hybonoticeras beckeri*** *(11 cm), Jura-Kimmeridge, Schopfloch, Schwäbische Alb, D. Die Art ist weitnabelig mit hochrechteckig-gerundetem Windungsquerschnitt und je 1 Knotenreihe an der Innen- und Außenflanke. Eine Furche auf der Außenseite wird durch 2 geperlte Kiele begrenzt.*

2 ***Gravesia gravesi*** *(18 cm), Jura-Tithon, Auxerre, Frankreich, hat sehr niedrige, breite Windungen und deshalb einen tiefen, mäßig weiten Nabel. Von einer kräftigen Knotenspirale auf der Flanke ziehen Spaltrippen über die gerundete Außenseite.*

3 ***Sutneria platynota*** *(3 cm), Jura-U-Kimmeridge, Geisingen, D. Ein kleiner Ammonit, dessen Innenwindungen denen der typischen Perisphincten entsprechen. Die dicke, quadratisch gerundete und knieförmig abgeknickte Außenwindung hat kräftige Radialrippen, die in Knoten enden. Mündungsohren fallen auf.*

4 ***Sutneria galar*** *(3 cm), Jura-O-Oxford, Geisingen, D, besitzt keine Knoten, aber deutliche Spalt- und Schaltrippen, die über die Außenseite führen. Mündungsohren sind typisch.*

5 ***Parkinsonia parkinsoni*** *(4 cm), Jura-Bajoc, Sengenthal, Franken, D, ist flach, mäßig weitnabelig mit ovalem Windungsquerschnitt und etwas vorgeneigten, auf der äußeren Flankenhälfte vergabelten und außen durch eine Furche unterbrochenen Radialrippen.*

6 ***Medianschnitt*** *durch einen 7 cm großen Ammoniten* ***Parkinsonia****. In den Phragmokon-Kammern haben sich Kalzitkristalle gebildet.*

1

2

3

4

5

6

In der Kreidezeit entwickeln die **Ammoniten** auch neben den *Ancyloceratida* (mit aufgelöster Spirale, ⇨ S.74) eine erstaunliche Formenvielfalt. Eine Auswahl davon zeigen diese beiden Seiten.

Mit dem Ende der Kreidezeit verschwinden nach etwa 350 Millionen Jahren die **Ammonoideen** von der Erde und zählen damit zu den erfolgreichsten Lebewesen. Man nimmt an, dass das große Massensterben zu dieser Zeit viele Ursachen hatte, z.B. ein Absinken des Meeresspiegels, gewaltige tektonische und vulkanische Aktivitäten, eine erhebliche Klimaverschlechterung und zudem noch ein Kometeneinschlag im Gebiet der heutigen Karibik.
Die Kreideammoniten lebten vorwiegend im flachen Schelfmeer und die winzige Ammonitenbrut aller Ammoniten ernährte sich wohl vom Plankton. Die Katastrophe soll damals zuerst planktonisches Leben vernichtet haben und damit die Lebensgrundlage der Ammonitenbrut. Im Gegensatz dazu werden die etwa 3 x 2 cm großen **Nautilus**-Eier einzeln in bis zu 100 m Tiefe versteckt. Nach mehr als 9 Monaten schlüpft dann der junge Nautilus bereits mit einem 2,5 cm großen Spiralgehäuse. Die Nautiliden konnten wohl deshalb überleben.

Zu den ***Hoplitaceae*** zählen *Pulchellia, Placenticeras* und *Hoplites*. Bei den ***Acanthoceratidae*** sind *Lyelliceras* und *Calycoceras* eingeordnet. Zu den ***Perisphinctaceae*** gehört *Valanginites*. Beispiel für die ***Desmocerataceae*** ist *Beudanticeras*.

Valanginites nucleus (6,5 cm), Kreide-Hauterive, Niedermehnen/Lübbecke, D. Extrem engnabelige Art, kugelförmig mit breiten Windungen, kragenartige Mündungslippe.

Pulchellia (4 cm), Kreide-Barrême, La Bastide, Frankreich. Typischer stark skulptierter Steinkern.

Lyelliceras lyelli (3 cm), Kreide-Alb, St. Parres, Frankreich. Weitnabeliger, hier als Pyritsteinkern vorliegender Kreideammonit mit weitstehenden Radialrippen und 3 Knotenreihen auf der Außenseite.

1 ***Placenticeras meeki*** *(15 cm), Oberkreide, Fox Hill, South Dakota, USA, in einer großen Kalkstein-Kugel. Die beim Aufschlagen zerbrochenen Teile wurden wieder zusammengefügt.*
2 ***Hoplites paronai*** *(8 cm), Kreide-Alb, St. Parres, Frankreich. Ein Ammonit mit außergewöhnlich kräftigen Knoten; Pyritsteinkern.*
3 ***Calycoceras*** *(14 cm), Oberkreide, Texas, USA. Ein Ammonit mit jeweils stark zunehmenden, runden Windungen; kräftige Rippen und Schaltrippen, die außen in Knoten enden oder über die Außenseite führen.*
4 ***Beudanticeras beudanti*** *(5,5 cm), Kreide-Alb, Bully-St-Martin, Frankr. Prächtig opalisierend.*

1

2

3

4

In den Ammoniten-Ablagerungen von Jura und Kreide kommen häufig **Aptychen** vor, zweiklappige, ursprünglich auf der Innenseite organisch verbundene, muschelähnliche, kalzitische Gebilde, die als Fortentwicklung der Ammoniten-Unterkiefer erkannt wurden. Ihre Vorläufer sind die fossil seltenen Anaptychen, einteilige, muldenartige chitinige (»hornige«) Unterkiefer, die sich (auch mit Radula-Resten) bei den Ammonoideen bis zum Unterjura, seltener noch bis zur Kreide finden.

Im Verlauf der Entwicklung vergrößerten die Ammoniten ihren Unterkiefer und bildeten ihren Oberkiefer zurück. Im Gegensatz dazu besitzen die Kopffüßer der Gegenwart größere, schnabelartige Kiefer. Verkalkte Nautilus-Oberkiefer, als **Rhyncholithen** bekannt, werden im Muschelkalk häufiger gefunden. Die kleinen, nicht verkalkten Ammoniten-Oberkiefer bleiben selten erhalten.

Rhyncholithes (2 cm), Trias-Muschelkalk, Kirchberg, D, sind verkalkte Spitzen von einem Oberkiefer des Nautilus *Temnocheilus bidorsatus*.

Vermutlich änderte sich die Ernährungsweise der Ammoniten. Sie brauchten wohl ihren Unterkiefer dafür nicht mehr und bildeten ihn zu einem Verschlussdeckel (Operculum) um (wie bei manchen Schnecken, ⇨ S. 46/47), um sich vor ihren Fressfeinden zu schützen. Funde mit Aptychen in Verschlussdeckelposition sind nicht selten.

Die aus Kalzit bestehenden Aptychen lösen sich nicht so schnell auf, bleiben dadurch eher erhalten und kommen deshalb mitunter zahlreich vor: ***Lamellaptychus***, doppelschichtig und parallel zum Außenrand gestreift (oft bei Haploceraten) und ***Laevaptychus***, dick, mit Poren auf der Oberfläche (bei Aspidoceraten).

Der schwach verkalkte, chitinige ***Cornaptychus*** gehört zu den Hildoceraten (Sichelrippern). ***Praestriaptychus***, mit konzentrischen Anwachsstreifen, kommt häufig bei Stephanoceratiden (⇨ S. 80) vor. ***Striaptychus***, allseits glatt, findet man bei den Ancyloceratiden (Kreide-Heteromorphe).

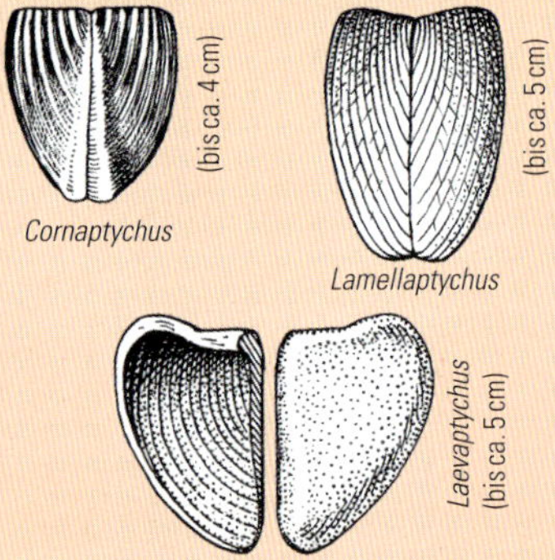

Aptychen

1 ***Lamellaptychus*** *(ca. 3 cm), Jura-Tithon, Ensfeld, Altmühltal, D, in der Wohnkammer eines Ammoniten Neochetoceras.*
2 ***Lamellaptychus*** *(3,5 cm), Jura-Oxford, Obernheim, D, in Verschlussdeckelposition in einem Ammoniten Taramelliceras.*
3 ***Laevaptychus*** *(5 cm), Jura-Kimmeridge, Geisingen, D, neben Ammoniten Ataxioceras.*
4 ***Cornaptychus*** *(4 cm), Jura-Toarc, Dotternhausen, D, in einem im Ölschiefer plattgepressten Sichelripper-Ammoniten.*

Fundstück ***Laevaptychus***, unpräpariert. (s. Foto 3)

1

2

3

4

Unterklasse »Innenschalige Kopffüßer« *(Coleoidea)*

Zu dieser Unterklasse zählen in den heutigen Meeren die Tintenfische, wie die **Sepien** und die **Kalmare** (mit innenliegendem Schulp), die ***Spirula*** (mit spiralig aufgerolltem Innengehäuse) sowie auch die **Kraken** (ohne Hartteile, doch scheidet das Weibchen von *Argonauta* ein sekundäres, kalzitisches Brutgehäuse aus, s. Foto 1, rechts).
Die Coleoidea besitzen am Mund 8 oder 10 Tentakeln, die nur mit Saugnäpfen (bei den Kraken) oder mit Saugnäpfen und Häkchen besetzt sind.

Fossilien der »innenschaligen« Kopffüßer werden schon aus dem Karbon gefunden. Dazu zählen auch die **Belemniten**.

1 ***Argonauta*-Brutgehäuse** *(8 cm), Tertiär-Miozän, Rimini, Italien. Extrem dünne Schutzhülle mit einer Kammer für die Krakenbrut.*
2 ***Teudopsis*** *(16 cm), Jura-Toarc, Dotternhausen, D. Ein Tintenfisch mit versteinerten Tintenresten im Tintenbeutel-Platz.*

Spirula spirula (2 cm), rezent, Lanzarote, Spanien.

Plesioteuthis prisca (30 cm), Jura, Daiting, D.

Überordnung Belemniten *(Belemnoidae)*

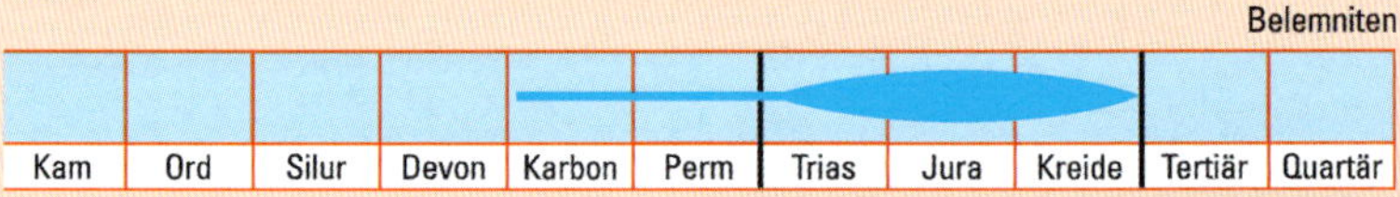

Von den seit dem Karbon bekannten und in Jura und Kreide reich entfalteten **Belemniten** *(Belemnitida)*, den Belemniten »im eigentlichen Sinne«, findet man als Fossil meistens nur das **Rostrum** (»Donnerkeil«, meist bis 10 cm, aber auch bis zu 1 m lang – etwa ein Drittel der Länge des Belemnitentiers). Es ist konisch bis zylindrisch und endet gewöhnlich in einer Spitze. Nach vorn besitzt es eine konische Aushöhlung (Alveole), die den eng gekammerten und sich über den Alveolarrand verlängernden aragonitischen Phragmokon mit außenliegendem Sipho aufnimmt. Von der Wohnkammer bleibt eine ovale Kalkplatte als Stützelement für den Weichkörper übrig.
Das Belemnitentier entsprach mit seinem Weichkörper, einem Tintenbeutel und wahrscheinlich 10 mit Chitinhäkchen besetzten Tentakeln etwa den heutigen Sepien und Kalmaren. Letzte Belemnitenfossilien stammen aus der Oberkreide.

Belemniten-Phragmokon (2,5 cm), Jura-Sinemur, Osterkappeln/Osnabrück, D, pyritisiert.

3 **Belemniten-Rostrum** *mit Phragmokon (12 cm), Jura-Aalen, Wutachgebiet, D.*

1

2

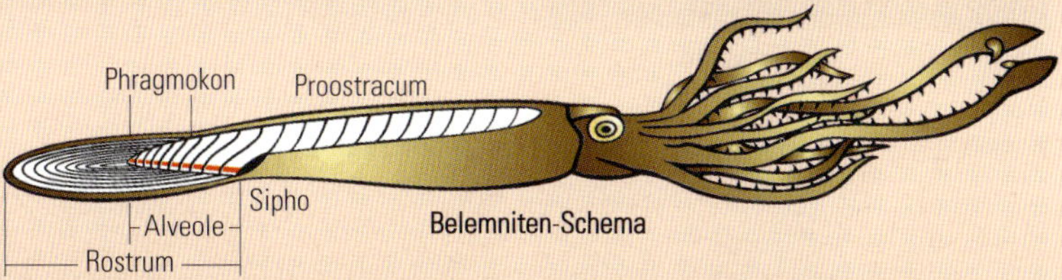
Phragmokon
Proostracum
Sipho
Alveole
Rostrum
Belemniten-Schema

3

Hibolites hastatus (13 cm), Jura-Kimmeridge, Geisingen, D. Mit verdickter Hinterhälfte.

Actinocamax plenis (7 cm), Kreide-Cenoman, Mülheim, Westfalen, D. Mäßig keulenförmig.

Salpingoteuthis tubularis (7,5 cm), Jura-Toarc, Hechingen, D. Lang, schlank mit Spitzenfurchen.

Gonioteuthis (9 cm), Kreide-Campan, Höver, D. Zylindrisch, oft mit abwitterndem Aragonit.

Dactyloteuthis (7,5 cm), Jura-Pliensbach, Schömberg, D. Oval, kurz, mit stumpfer Spitze.

Belemnitella mucronata (12 cm), Kreide-Campan, Rorup, D. Zylindrisch mit Spitze (Mukro).

Brachybelus gingensis (6 cm), Jura-Bajoc, Göppingen, D. Bauchig, kegelig, ausgezogene Spitze.

Nannobelus acutus (5 cm), Jura-Sinemur, Göppingen, D. Kurz, spitz, kegelförmiges Rostrum.

Bergen eines ***Megateuthis*** im Aufschluss.

1 *»**Belemniten-Schlachtfeld**« (26 x 20 cm), Jura-Toarc, Mistelgau, D. Belemnitenrostren kommen in Jura- und Kreideablagerungen oft gehäuft vor (⇨ S. 92).*

2 ***Megateuthis** (45 cm), Jura-Bajoc, Bopfingen, D. Sehr groß mit ovalem Querschnitt und 2 Längsfurchen bei der Spitze.*

3 ***Passaloteuthis paxillosus** (10 cm), Jura-Pliensbach, Göppingen, D. Oben: präpariert.*

1

2

3

Es gibt etwa 1800 bekannte Belemnitenarten der Ordnung ***Belemnitida***. Sie gliedert sich in 2 Unterordnungen auf: 1. ***Belemnitina*** (u.a. mit *Megateuthis, Passaloteuthis, Dactyloteuthis, Hastites, Brachybelus, Nannobelus*) ; 2. ***Belemnopseina*** (u.a. mit *Hibolites, Actinocamax, Gonioteuthis* und *Belemnitella*).
Das meist erhaltene kalzitische **Rostrum**, das zu Lebzeiten durch Hohlräume (z.B. im Phragmokon) erheblich leichter gewesen sein dürfte, dient mit Größe, Außenform, Querschnitt, Furchen und Schlitzen der Einteilung und Bestimmung der Arten. Ihre massenhaften Ansammlungen (»Belemniten-Schlachtfelder«) könnten durch Zusammenspülungen entstanden sein oder von auf Laichplätzen verendeten Tieren stammen.

Die **Belemniten** lebten im Meer vermutlich von anderen Kopffüßern, kleinen Fischen und Krebsen. Sie wurden von großen Meerestieren gejagt, z.B. von Haien, Meereskrokodilen und Ichthyosauriern.

Hastites subclavatus (6 cm), Jura-Toarc, Hechingen, D. Schlank, hinten keulenförmig verdickt.

Zu den Belemniten werden jetzt wegen ihres ähnlichen Innenskeletts auch die vom Karbon bis zum Unterjura vorkommenden ***Aulacocerida*** eingeordnet. Sie besitzen einen schlanken Phragmokon, der von einem den Belemnitenrostren ähnlichen, überwiegend aragonitischen »Telum« umschlossen wird, mit einer nach vorn anschließenden, röhrenförmigen Wohnkammer. Fossile Reste werden häufiger in Trias-Ablagerungen gefunden (z.B. *Aulacoceras, Atractites*).

1 ***Atractites dubium****, gestreift, und* ***A. triadicum*** *(je 10 cm), Trias-alpin-Karn, Österreich.*

Klasse Tentakuliten *(Cricoconarida)*

Die **Tentakuliten** bilden kleine (meist kleiner als 1 cm), spitzkonische, röhrenförmige, kalkige Gehäuse mit einer durch ringartige, mitunter gekörnte Rippen verzierten Außenfläche. Noch kleinere Gehäuse mit tropfenförmigem Anfangsteil und zusätzlich längsgestreifter Oberfläche werden als ***Dacryoconarida*** dieser Tierklasse zugeordnet. Der Anfangsteil des Gehäuses ist oft mit Kalk gefüllt oder ohne Sipho gekammert.
Vom Ordovizium bis zum Oberdevon (im Mitteldevon sogar gesteinsbildend häufig) entwickelten sich die Tentakuliten relativ schnell und wurden deshalb zu guten Leitfossilien.

Tentakuliten

Klasse Hyolithen *(Calyptoptomatida)*

Die **Hyolithen** verbreiteten sich besonders im Kambrium und nahmen danach ständig ab mit letzten Nachzüglern im Perm.
Sie bilden ein spitzkonisches Gehäuse (1-5 cm lang) mit meist gerundet-dreieckigem, aber auch ovalem oder kreisförmigem Querschnitt und glatter oder fein quergestreifter Oberfläche. Der Anfangsteil war meist gekammert, die Mündung konnte durch einen Deckel (Operculum) verschlossen werden.

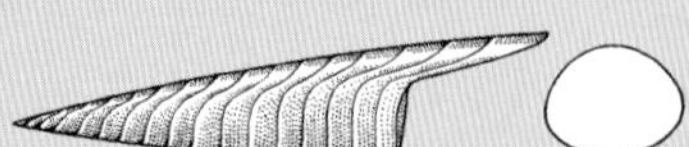

Hyolith Querschnitt

2 ***Tentaculites ornatus*** *(2 cm), Silur, Gotland, S.*
3 ***Hyolithes*** *(3 cm), Ordovizium, Geschiebefund, Dänemark.*

1

2

3

Stammgruppe Gliedertiere *(Articulata)*

In dieser Stammgruppe werden insbesondere die **Ringelwürmer** und die **Gliederfüßer** wegen ihres gleichartigen, metameren Bauplans, d.h. ihres aus einer wechselnden Zahl gleichartiger Körperringe (Metamere, Segmente) aufgebauten Körpers, zusammengefasst.

Stamm Ringelwürmer *(Annelida)*

Der zumeist langgestreckte Körper der Ringelwürmer besteht aus zahlreichen Körperabschnitten (Segmente, Metamere). Auf der Bauchseite (Ventralseite) jedes Körperabschnitts befindet sich 1 Paar ungegliederter Ausstülpungen (Parapodien), die den festländischen Ringelwürmern (Regenwürmer, Blutegel) fehlen. Die weichhäutige Körperhülle (Tegument) kann durch Chitin verstärkt und mit Chitinborsten besetzt sein, die büschelartig auf den Ausstülpungen sitzen.
Da ihnen widerstandsfähige Hartteile fehlen, gibt es von Ringelwürmern außer Spuren nur sehr selten Fossilien, am seltensten von den festländischen Gruppen (Klasse ***Oligochaeten***).

Die marinen Ringelwürmer (Klasse ***Polychaeten***) sind seit dem Präkambrium in allen Zeitabschnitten formenreich vorwiegend durch Spuren (z.B. durch Wühl- und Grabgänge oder durch Wohnröhren) belegt.

1 ***Blutegel Caprinocolex alligimus*** *(2,5 cm), Karbon-Penns., Francis-Creek-Shale, Essex, USA. In Siderit-Konkretion, die durch Tiefgefrieren geöffnet werden konnte (Heiß-Kalt-Therapie).*
2 Gemeinsamer Lebensweg: ***Röhrenwurm und Ammonit*** *(2 cm), Jura-Sinemur, Sunthausen, D.*
3 ***Serpula grandis*** *(Durchmesser 1,5 cm), Jura-Bajoc, Fürstenberg, D.*

Stamm Gliederfüßer *(Arthropoda)*

In der heutigen Lebewelt sind die **Gliederfüßer** mit ungefähr 1 Million Arten (mehr als alle anderen Stämme zusammen) der erfolgreichste Stamm. Das war wohl auch in der Erdgeschichte so. Da nur bei einigen Gruppen günstige Fossilisationsbedingungen bestehen, bleibt jedoch die fossile Vertretung sehr lückenhaft.
Zu den fossil gut belegten Gliederfüßern zählen vor allem die **Trilobiten** (nur im Paläozoikum), die **Fühlerlosen** (Kambrium bis Gegenwart), die **Krebse** (Kambrium bis Gegenwart) und die **Insekten** (Devon bis Gegenwart).
Die Gliederfüßer scheiden eine feste Körperhülle (Integument) aus, die durch Chitinisierung und Kalkeinlagerung zu einem festen Außenskelett (Exoskelett=Cuticula) wird. Es gliedert sich in Skelettringe, die aus einem rückseitigen Teil (Tergit) und einem bauchseitigen Teil (Sternit) bestehen. Dazwischen bilden sich paarige **Extremitäten**, die im vorderen Kopfabschnitt (Cephalon) vorwiegend zur Nahrungsaufnahme, im Brustabschnitt (Thorax) zur Fortbewegung dienen.
Beide Körperteile können sich zu einem Vorderteil (Cephalothorax, Prosoma) verbinden. Mit dem Hinterleib (Pygidium, Abdomen) endet der Körper der Gliederfüßer.
Vom Außenskelett sind oft nur die auseinandergefallenen Einzelteile erhalten. Wenn der Skelettpanzer das Körperwachstum behindert, wird er in Abständen abgeworfen (Häutung=Ecdysis). Durch abgeworfene Außenskelette (Exuvien) wird größere Häufigkeit vorgetäuscht.
Als eigene Klasse werden heute die bisher als Sonderform den Trilobiten zugeordneten **Agnostiden** *(Agnostida)* gesehen. Sehr klein (bis zu ca. 1 cm) und meist ohne Augen, sind bei ihnen Cephalon und Pygidium halbkreisförmig und ungefähr gleich groß ausgebildet mit 2 Thorax-Segmenten dazwischen.

4 ***Peronopsis interstrictus*** *(1 cm), Kambrium-Wheeler-Formation, Millard Co., Utah, USA.*
5 ***Agnostus pisiformis****, Häutungsreste (4 mm), Kambrium, Vestana, Schweden.*
6 ***Trilobit Greenops boothi*** *(3 cm), Devon-Widder-Formation, Arkona, Ontario, Kanada.*

1

3

2

4

6

5

Klasse Dreilapper = Trilobiten *(Trilobita)*

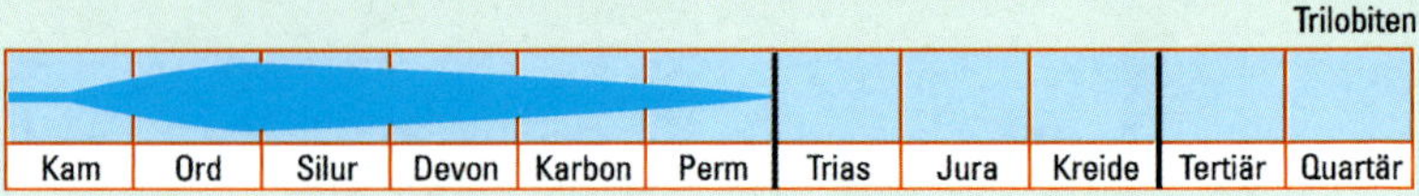

Die **Trilobiten** verbreiten sich besonders stark im Kambrium und Silur und verschwinden zum Ende des Perm. Die Bezeichnung »Dreilapper« bezieht sich auf ihre doppelte Dreigliederung: der Länge nach in einen Kopfabschnitt (Cephalon), einen Rumpfabschnitt (Thorax) und einen Schwanzschild (Pygidium), in der Breite durch eine Mittelachse (Spindel=Rachis) und beidseitige Seitenteile (Pleuren).

Die Rückenseite (Dorsalpanzer) besteht aus einer zweilagigen Hülle (Cuticula), die beim Wachsen des Tiers durch Häutung (Ecdysis) als Häutungspanzer (Exuvie) abgeworfen wird. Fossile Reste davon können eine größere Individuenzahl vortäuschen.

Im Rumpfabschnitt (Thorax) sind die Skelettsegmente weichhäutig miteinander verbunden. Im Kopfschild und im Schwanzschild sind sie fest einbezogen.

Die stärker gewölbte Mittelachse des Cephalons wird als Glabella bezeichnet. Eine von vorn nach hinten verlaufende Gesichtsnaht (Facialsutur) trennt eine an die Glabella grenzende »feste Wange« von einer »freien Wange« ab. Der Verlauf der Gesichtsnaht dient als Bestimmungsmerkmal.

Die auf den freien Wangen liegenden Facettenaugen bestehen gewöhnlich aus vielen Kalkspatlinsen mit jeweils darunterliegendem Kristallkegel. Es gibt auch Trilobitenarten ohne Augen.

Auf der nicht gepanzerten Unterseite besitzen die Trilobiten am Cephalon ein Antennenpaar und insgesamt unterschiedlich viele gleichartige Extremitätenpaare, denen die Kiemenanhänge noch fehlen. Ruhespuren mit paarigen Gruben (Cruziana) sollen von Trilobiten stammen (⇨ Seite 17, Foto 2).

Trilobiten-Schema

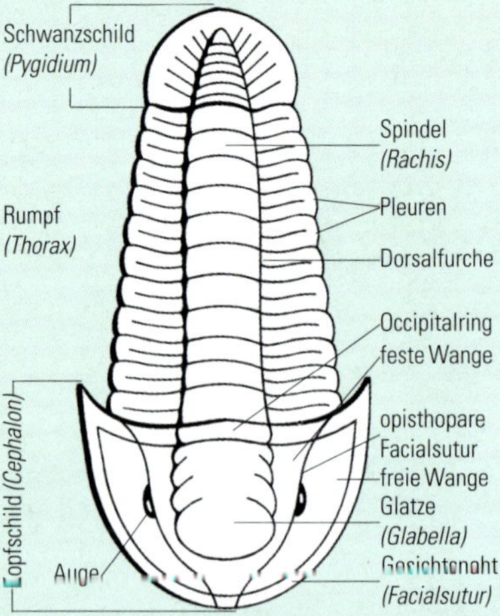

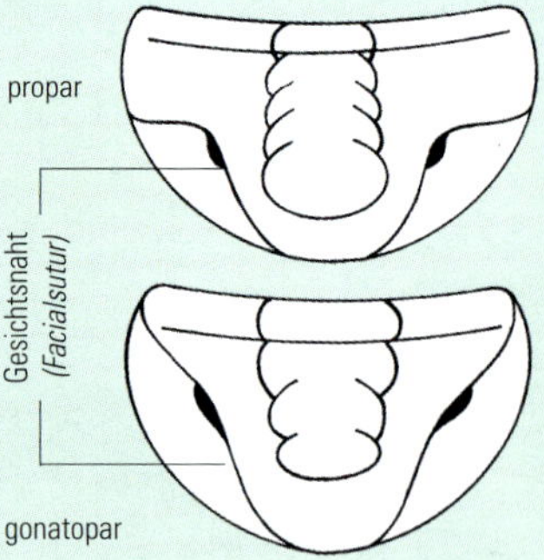

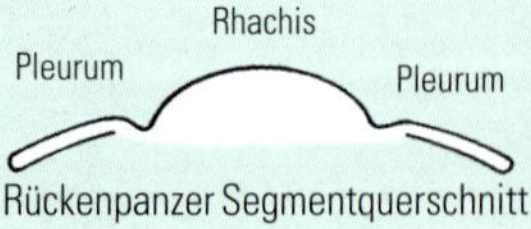

1 ***Modocia typicalis*** *(4 cm), Kambrium-Wheeler-Fo., House Range, Millard County, Utah, USA.*

1

Die Trilobiten der Ordnung ***Phacopida*** (Ordovizium bis Devon) besitzen 11 Thoraxsegmente und ein halbkreisförmiges Kopfschild mit vorgewölbter Glabella und proparen oder gonatoparen Gesichtsnähten.
Unter besonderen Sedimentationsbedingungen konnte bei Devon-Phacopida der Häutungsvorgang nachgewiesen werden: **»Saltersche Einbettung«** mit der Cephalonunterseite nach oben und mit entgegengesetzt danebenliegendem Thorax und Pygidium.

Saltersche Einbettung

Saltersche Einbettung Negativabdruck (15 cm), Devon, West-England.

Die **Trilobiten** lebten wahrscheinlich am Boden küstennaher Flachmeere und besaßen keine speziellen Mundwerkzeuge (Ausnahme: einige Phacopiden). Sie dürften wohl von kleinen Pflanzen- oder Tierresten gelebt haben. Sie wurden bis zu 75 cm groß (im Schnitt 3-8 cm).

Phacops (6 cm), Devon, Vireux, Belgien

1 ***Phacops rana crassituberculata*** *(6,5 cm), Devon-Silica Shale, Sylvania, Ohio, USA. Ohne Wangenstacheln mit vorgewölbter, gekörnelter Glabella und kleinem Pygidium.*
2 ***Dalmanitina*** *(4,5 cm), Silur, Gotland, Schweden. Mit Randsaum am Kopfschild und schrägen Glabellafurchen; kurze Wangenstacheln und ein Pygidium mit langem Terminalstachel.*
3 ***Calymene nodulosa*** *(4 cm), Silur-Wenlock, Wales, England. Ohne Wangenstacheln mit schmaler, quergefurchter Glabella. (Darunter ein Graptolith Monograptus,* *⇨ S. 130).*

Encrinurus punctatus (3 cm), Silur, Gotland, Schweden. Nach vorn gewölbte Glabella, Augenstiele und ein dreieckiges Pygidium mit Stachel.

1

2

3

Die formenreichste Ordnung ***Ptychopariida*** (Kambrium bis Perm) besitzt meist opistopare Gesichtsnähte und nach hinten gerichtete Glabella-Furchen. Dazu gehören mit je 10 Thoraxsegmenten die langlebige Gattung ***Proetus*** (Ordovizium bis Devon) und die Gattung ***Illaenus*** (Ordovizium bis Unter-Silur).

Bei den **Trilobiten** sind Kopfschild, Schwanzschild und die Rumpfsegmente beweglich miteinander verbunden. Deshalb konnten sich viele Trilobiten kugelig (sphäroidal) einrollen.

Illaenus linarssoni (3,5 cm), Ordovizium, Siljan, Schweden. Mit ähnlichen, gewölbten Kopf- und Schwanzschildern und verwaschener, kaum zu erkennender Furchengliederung. Die Augen liegen am Seitenrand. Hier kugelig eingerollt.

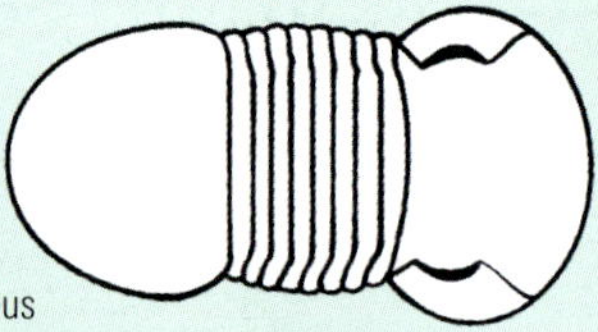

Illaenus

1 ***Ogygiocarella debuchii*** *(5 cm), Ordovizium-Llandeilo, Llandrinded Wells, Wales, England. Mit kleinen Wangenstacheln und spitzen Pleuren.*

2 ***Ellipsocephalus*** *(2 cm), Kambrium, Jince, Tschechien. Klein mit großem, halbkreisförmigem Kopfschild ohne Wangenstacheln, Glabella mit Stirnrandsaum. Der Rumpf besteht aus 12–14 Segmenten, deren Pleuren nicht spitz auslaufen.*

Elrathia kingii (2 cm), Kambrium, Utah, USA, ist ein opistoparer Trilobit mit kleiner, nach vorn sich verengender Glabella und kurzem Pygidium.

Proetus laevigatus (2,5 cm), Devon-Eifelium, Gees, Eifel, D. Cephalon mit Randsaum ohne Wangenstacheln, Glabella mit Querfurchen und halbkreisförmiges, quergefurchtes Pygidium.

3 ***Hydrocephalus minor*** *(10 cm), Kambrium, Jince, Tschechien. Ein großer Trilobit der Ordnung Redlichiida mit breitem Panzer, Kopfschild mit Wangenstachel und birnenförmiger Glabella mit 4 Furchen; bis zu 18 Rumpfsegmente in Spitzen auslaufend; sehr kleines Pygidium. H.-Arten werden bis zu 30 cm groß.*

1

2

3

Zu den Trilobiten-Ordnungen ***Lichida*** (Ordovizium bis Devon) und ***Odontopleurida*** (Kambrium bis Devon) gehören z.T. stark bestachelte Arten.

Acanthalomina minuta (1 cm), Silur, Morina, Tschechien. Kopfschild mit Wangenstacheln, Segmentpleuren mit langen Stacheln. Kleines Pygidium mit kurzen, spitz zulaufenden Stacheln.

▷ ***Otarion ceratophthalmum*** (1,5 cm), Devon, Gerolstein, Eifel, D. Ein ptychopariider Trilobit mit stark gewölbter, langovaler, gekörnelter Glabella. Auf dem 6. Segment befindet sich ein langer Stachel.

*1 **Ceraurus pleurexanthemus** (7 cm), Ordovizium, Cobourg, Kanada. Kopfschild mit gekörnelter Glabella und kräftigen Wangenstacheln. Am kleinen Pygidium befinden sich 2 lange Schwanzstacheln.*

*2 **Ampyx** (4,5 cm), Ordovizium, Hällekis, Schweden. Mit vom Frontallobus der Glabella ausgehendem, nach vorn gerichtetem Kopfschildstachel, Wangenstacheln und einem relativ großen Schwanzschild. Der Kopfschild besitzt keinen ausgeprägten Randsaum.*

Klasse Fühlerlose *(Chelicerata)*

Seit dem Kambrium vertreten, schließt die Klasse **Fühlerlose** die **Schwertschwänze** *(Xiphosura)*, die **Breitflosser** *(Eurypterida)* und die heute noch lebenden **Spinnen** und **Skorpione** *(Arachnida)* ein.
Die Fühlerlosen besitzen keine geißelförmige Antenne und statt eines getrennten Kopf- und Brustabschnitts einen vorderen Körperabschnitt (Prosoma) zur Nahrungsaufnahme und zur Fortbewegung und ein hinteres Körperteil (Opistosoma) zum Verdauen und zum Atmen. Das Prosoma ist von einem die Augen tragenden Dorsalschild bedeckt. Darunter befinden sich ventral 6 Extremitätenpaare: zuerst vor dem Mund ein Paar mit Scheren (Chelae), dann ein Tastpaar (Pedalpi) und 4 Gehbeinpaare. Das Opistosoma kann in ein breites Mesosoma und ein schmäleres Metasoma gegliedert sein. Es endet oft in einen auch ruderartigen Schwanzstachel (Telson). Extremitäten haben sich hier meist ganz zurückgebildet.
Das nur schwach kalzitisch verstärkte Exoskelett bleibt selten ganz fossil erhalten.

Unterklasse *Merostomata*

Hier werden die je einen großen Endstachel (Telson) tragenden **Schwertschwänze** *(Xiphosura)* und die **Breitflosser** *(Eurypterida)* zusammengefasst.

Überordnung Schwertschwänze *(Xiphosura)*

Die **Schwertschwänze** leben ab dem Silur im Flachwasserbereich. Ihr einziger heutiger Vertreter **Limulus** veränderte sich seit dem Jura kaum. Er lebt an den Küsten von Mittel- und Nordamerika und kann bis 60 cm groß werden.

Sie besitzen ein großes Prosomaschild mit seitlich liegenden Facettenaugen. Das vordere Extremitätenpaar (Cheliceren) ist sehr klein, die Pedalpen (das Tastpaar) und die 4 Gehbeinpaare tragen Scheren.
Das kürzere Opistosoma endet in einem langen Schwanzstachel (Telson).

*3 **Limulus walchi** (16 cm), Jura, Solnhofen, D.*

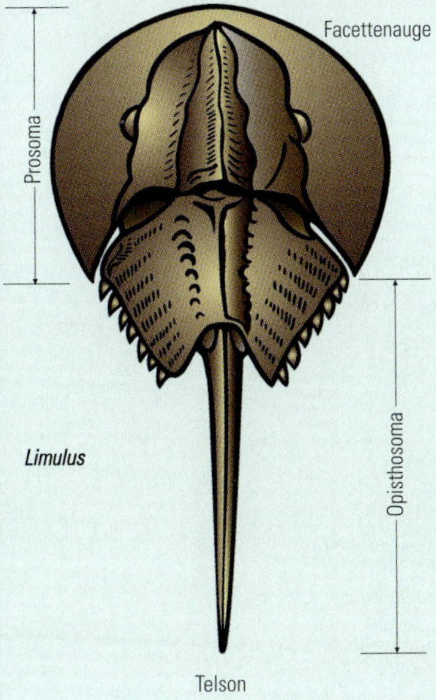
Facettenauge
Prosoma
Opisthosoma
Limulus
Telson

Überordnung Breitflosser *(Eurypterida)*

Die **Eurypteriden** – Ordovizium bis Perm – werden bis zu 2 m lang. Sie besitzen ein kleines Prosomaschild und ein Opistosoma mit 12 Segmenten, von denen 7 breitere das Mesosoma und 5 schmälere das Metasoma bilden. Ein Schwanzstachel beendet den Körper. Als Extremitäten befinden sich unter dem Prosoma ein Paar winzige Cheliceren, ein Pedipalpenpaar (oft mit Schere) und 4 Fortbewegungspaare, deren vorderes als Greiforgan und deren hinteres als Ruderfüße dient, mit denen sie sich auch katapultartig fortbewegen. Die zur Mundseite hin gezähnten Basalglieder der Extremitäten dienen als Kiefer. Diese »Meeresskorpione« mit abgeplattetem Bauchpanzer leben bis zum Silur im küstennahen Meer und später im Brack- und Süßwasser.

Eurypteride (Breitflosser)

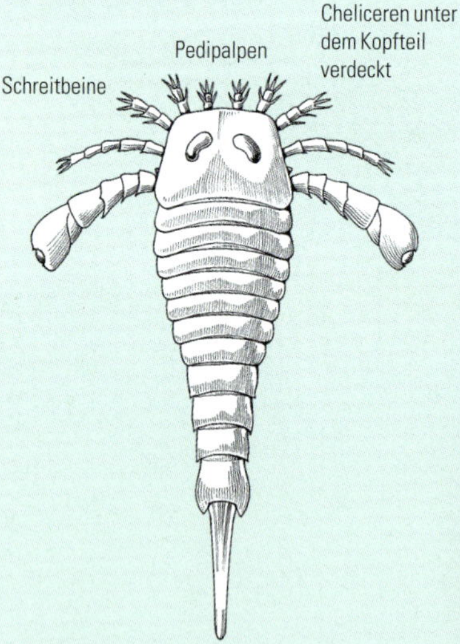

1 ***Balteurypterus tetragonophthalmus*** *(bis zu 12 cm), Silur, Padolia, Ukraine.*

2 ***Eurypteriden-Spur*** *(30 cm lang), Devon, Prüm, Eifel, D. Jeweils sechs in einer Folge liegende Trittsiegel stammen von den sechs Extremitätenpaaren.*

Unterklasse Skorpione/Spinnen *(Arachnida)*

Diese Unterklasse fasst die zum Landleben übergegangenen Abkömmlinge der Merostomen, die **Skorpione** und die **Spinnen**, zusammen. Sie häuten sich mehrfach und besitzen Fächerlungen oder aber Tracheen (Haut-Atemlöcher, die mit feinen Verästelungen den Körper mit Atemluft versorgen).

Die seit dem Silur vorkommenden **Skorpione** besitzen ein relativ kleines Prosoma, ein breites, ovales Mesosoma (7 Segmente) und ein zum Schwanz entwickeltes Metasoma (5 Segmente) mit einem Giftstachel am Ende.

Die ventralen Extremiten bestehen wie bei den Merostomen aus je 1 Paar Cheliceren und Pedipalpen sowie aus 4 Paaren Laufbeine. Skorpione sind fossil sehr selten.

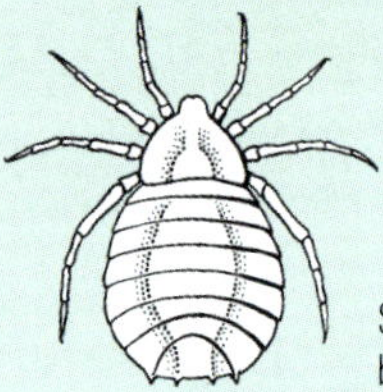

Spinne aus dem Karbon *(Anthracomartus)*

Die ersten fossilen **Spinnen** (aus dem Karbon) zeigen im Wesentlichen schon ihre heutige Aufgliederung. Sie sind ohne deutliche Segmentgliederung weichhäutig geworden. Das Telson fehlt. Fossil sind sie nach dem Karbon nur im Bernstein häufiger erhalten.

Spinne (5 mm) im Bernstein, Tertiär-Eozän.

1

2

Unterstamm Kieferträger *(Mandibulata)*

Dieser Unterstamm fasst die **Krebstiere** und die Röhrenatmer, **Insekten** und **Tausendfüßer**, zusammen.

Superklasse Krebse *(Crustacea)*

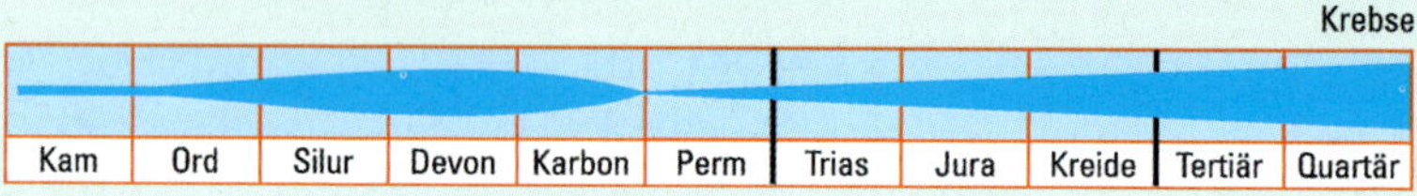

Nur wenige der zahlreichen Gruppen der Krebstiere hinterließen eine ausreichende fossile Dokumentation. Dazu gehören die winzigen **Muschelkrebse**, außerdem die **Rankenfüßer** und die **Höheren Krebse**. Fossile Krebstiere sind seit dem Kambrium bekannt.

Der Karapax der **Muschelkrebse** *(Ostracoda)* umschließt sie als zweiklappiges, muschelähnliches Gehäuse, das während des Wachstums mehrmals durch Häutung erneuert wird. Die nur wenige Millimeter großen Muschelkrebse zählen zu den Mikrofossilien, deren Bestimmung durch ein Mikroskop erleichtert wird. Kambrium bis rezent.

Zu sesshafter (sessiler) Lebensweise sind die **Rankenfüßer** *(Cirripedia)* übergegangen. Bei den **»Entenmuscheln«** *(Lepadiden)* entwickelt sich ein oft an treibenden Gegenständen befestigter Stiel (meist bis 10 cm, aber auch bis zu 1 m lang), an dessen Ende der Körper von einem fünfklappigen Gehäuse umhüllt ist. Bekannt seit dem Silur, fossil selten erhalten.

Die fossil wichtigeren **Seepocken** *(Balaniden)* heften sich am Untergrund fest und scheiden ein konisches, aus 6 Kalkplatten bestehendes Gehäuse aus. Seit dem Trias bekannt, kommen sie in Kreide und Tertiär häufiger vor.

◁ ***Leperditia gigantea*** (3 cm), Silur, Gotland, S. Zählt zu den größten Ostracoden und besitzt ovale, glatte Panzerklappen mit langem Schlossrand.

◁ ***Beyrichia*** (3 mm), Silur, Geschiebe Steinberghaff, D, ist ein winziger Muschelkrebs mit geradem Schlossrand, Panzerklappen mit Furchen und kräftigen, oft gekörnelten Wülsten.

Seepocken ***Balanus*** (1 cm), in einer Austernschale, Tertiär-Oligozän, Mainzer Becken, D.

*1 **Meyera rapax** (10 cm), Kreide-Valang, Sachsenhagen, D. Ein Zehnfüßerkrebs (Decapode) mit Kopf-Brust-Panzer (Karapax), Rumpfsegmenten (Abdominal-Somiten) und Schwanzfächer.*

1

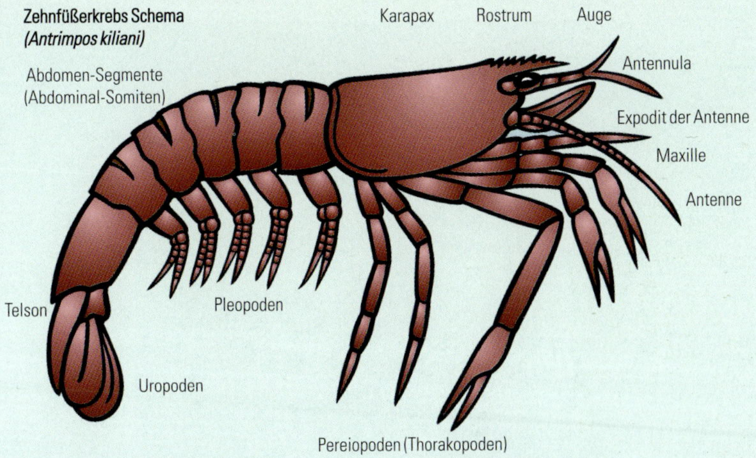
Zehnfüßerkrebs Schema
(Antrimpos kiliani)
Karapax
Rostrum
Auge
Abdomen-Segmente
(Abdominal-Somiten)
Antennula
Expodit der Antenne
Maxille
Antenne
Telson
Pleopoden
Uropoden
Pereiopoden (Thorakopoden)

Zu den »'Höheren Krebsen«' *(Malacostraca)* zählen die seit dem Unterkambrium bekannten **Blattfußkrebse** *(Phyllocarida)* mit zweiklappigem Panzer, der ohne feste Verbindung den vorderen Teil des Körpers bedeckt. Das muschelähnliche, blattartige Aussehen der Panzerteile gab dieser Unterklasse den Namen. Heute nur schwach vertreten, stammen die etwa 50 fossilen Gattungen vorwiegend aus dem Erdaltertum.

Isaura (Estheria) laxitexta (bis 5 mm), Trias-Keuper, Ochsenfurt, D. Blattfußkrebs mit gleichklappiger, dünner Schale, geradem Dorsalrand und konzentrischen Streifen außen.

Die häufigsten Krebs-Fossilfunde gehören zur Ordnung **Zehnfüßerkrebse** *(Decapoda)*, die innerhalb der Malacostraken in die Unterklasse *Eumalocostraca* eingeordnet sind und die sich vom Jura an reich entfalten.

In ihrem Kopfbereich sind die beiden vordersten Anhänge zu Antennen umgestaltet. Mit den Anhängen der nächsten 3 Segmente (Mandibeln, Maxillulen, Maxillen) nehmen sie ihre Nahrung zu sich. Schließlich bilden die Anhänge am Thorax (Pereion) Schreitbeine (Pereiopoden), am Abdomen (Pleon) Schwimmfüße (Pleopoden). Die Schwimmfüße des letzten, oft verlängerten Abdomenabschnitts, die Uropoden, bilden mit dem Schwanzstachel (Telson) einen Schwanzfächer. Kopf- und Brustteil (Cephalothorax) können durch einen Panzer (Karapax) eingeschlossen werden. Auch Thorax und Abdomen können einen gemeinsamen Abschnitt (Soma) bilden. Die Dekapoden sind seit dem Devon bekannt.

1 ***Pemphix sueuri*** *(7 cm), Trias-Muschelkalk, Haigerloch, D. Besitzt einen stark gefurchten, gekörnelten Karapax und große erste Pereiopoden.*

2 ***Antrimpos (Penaeus) kiliani*** *(10 cm), Jura-Callov, La Voulte, Frankreich, ist ein Schwimmkrebs (Garnele) mit zylindrischem Körper, schwach verkalktem Panzer, langen Antennen und Scheren an den vorderen 3 Pareiopodenpaaren.*

◁ ***Antrimpos (Penaeus) kiliani*** (8 cm), Jura-Callov, La Voulte, Frankreich. Vererztes Exemplar, durch Limonit rötlich verfärbt.

1

2

Uronectes fimbriatus (2 cm), Perm-Rotliegendes, Pfeffelbach, D. Dieser kleine Süßwasserkrebs ohne Karapax gehört zu den *Syncarida* (Karbon bis Perm). Von den 8 Thorax- und 6 Abdominal-Segmenten sind die vorderen Anhänge verbreitert. Der kleine Krebs besitzt eine lange Geißel an der zweiten Antenne und jeweils einen kräftigen Stachel an den zweiten Thoraxbeinen.

1 ***Eryon arctiformis*** *(8 cm) in Rückenlage, Jura-Tithon, Langenaltheim, D, mit abgeplattetem, verbreitertem und durch Längsfurchen gegliedertem Karapax und 4 Pareiopodenpaaren mit Scheren, das vordere Paar stark verlängert.*

2 ***Mecochirus longimanatus*** *(12 cm), Jura-Tithon, Solnhofen, D, mit enorm verlängertem erstem Schreitbeinpaar; kommt im Plattenkalk sehr häufig vor und heißt dort bei den Arbeitern »Schnorgackel«.*

3 ***Dusa monocera*** *(7 cm), Jura-Tithon, Mühlheim, D, mit kleinem, gekerbten Stachel über den Augen, kleinem, schwach gekörnelten Karapax, gekrümmten Scherenschneiden und einem besonders langen dritten Schreitbeinpaar.*

4 ***Palinurina longipes*** *(9 cm), Jura-Tithon, Solnhofen, D, mit kräftigen, langen zweiten Antennen. Der schmale, gekörnelte Karapax besitzt seitliche Einbuchtungen für die Schreitbeine. Der schwach gekörnelte Hinterleib wird oft unter den Vorderleib eingeschlagen. Hier mit Manganoxid-Dendriten.*

Mecochirus longimanatus (7 cm), mit Ruhespur, Jura-Tithon, Solnhofen, D, gehört zu den wenigen Lebewesen, die im Plattenkalk Fährten hinterließen. Dieses Tier ruhte sich vor seinem letzten Rettungsversuch noch einmal im zähen Kalkschlick aus.

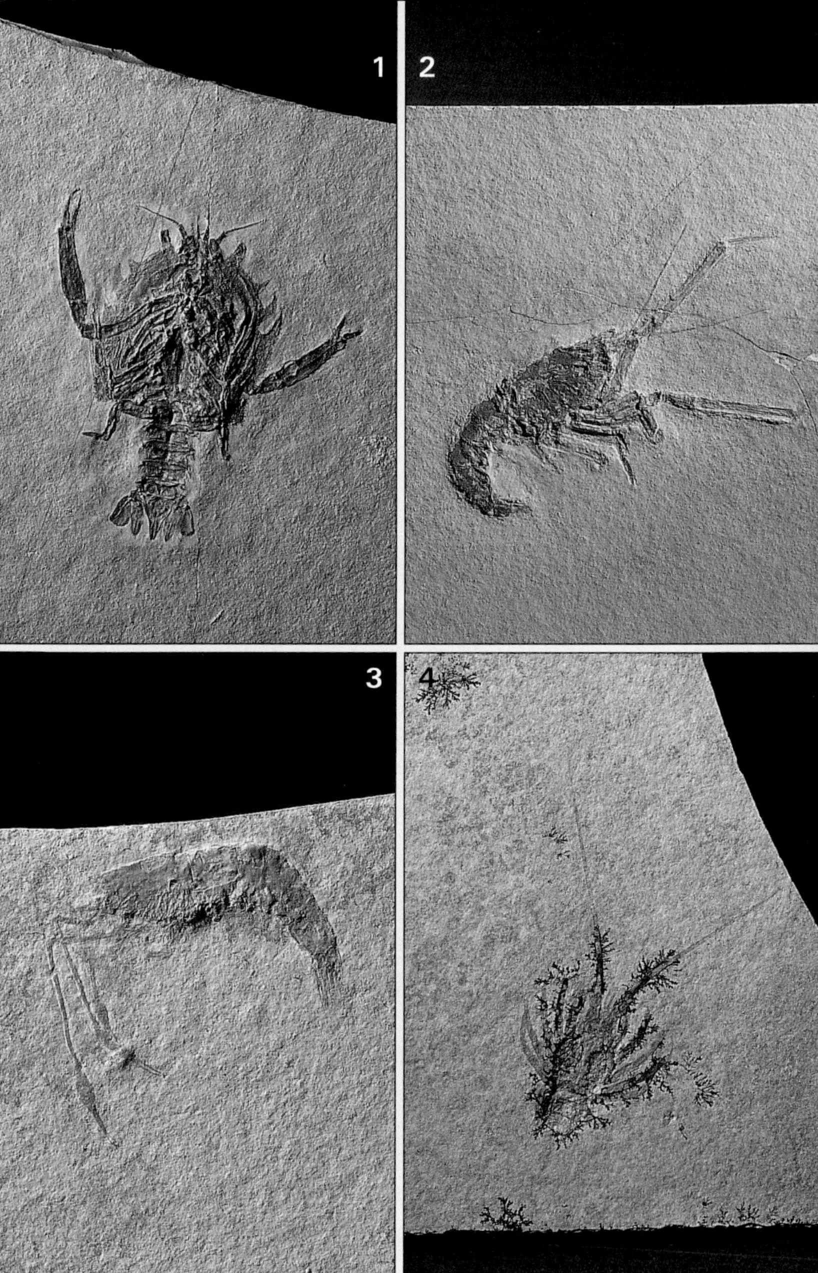
1
2
3
4

Zu den »Höheren Krebsen« zählen auch die in der Unterordnung **Krabben** *(Brachyura)* eingeordneten **Kurzschwanzkrebse** mit kurzem, flachem Abdomen, das unter den zunehmend kürzeren und verbreiterten Karapax zurückgeklappt ist. Das erste Schreitfußpaar trägt immer Scheren, das dritte nie. Die Brachyuren sind seit dem Unterjura mit über 200 fossilen Gattungen vertreten. Ihr verkalkter Panzer bleibt fossil gut erhalten.

Krabbenreste werden unter entsprechenden Sedimentationsbedingungen häufig in **Gesteinsknollen** (Konkretionen=Septarien) eingebettet und darin hervorragend konserviert. Ein Beispiel dafür sind die oligozänen Glimmerton-Aufschlüsse in Nordjütland, Dänemark.

▽ **Glimmerton-Aufschluss** mit **Fossil-Konkretionen** im Tertiär-Oligozän in Nordjütland, Dänemark. Bei hohem Wellengang werden sie aus den Glimmertonschichten der Küste gespült. *Kleines Bild:* Aufgeschlagene **Glimmerton-Konkretion** mit eingeschlossener **Krabbe** im Aufschluss.

1 ***Coeloma incarinata*** *(7 cm), Tertiär-Oligozän, Skive, Dänemark, mit stark gefurchtem und skulptiertem, rundlichem Karapax und 2 Einbuchtungen an der Vorderseite; auffallend kräftige Scheren.*

2 ***Zanthopsis vulgaris*** *(6 cm), Tertiär-Oligozän, Lincoln-Formation, Porter, Washington, USA. Eine Krabbe mit rundlichem, gefurchtem und an der Oberfläche fein gekörneltem Panzer und 2 kräftigen vorderen Scherenfüßen.*

3 ***Lobocarcinus*** *(7 cm), Tertiär-Miozän, Ramsel, Belgien. Ein queroval verbreiterter Karapax mit Einschnitten und Einbuchtungen am Vorderseitenrand. Die Oberfläche ist skulptiert, gefurcht und gekörnelt.*

4 ***Ranina marestiana*** *(3 cm), Tertiär-Eozän, Vicenza, Italien. Eine typische Krabbe des Alttertiärs mit einem langovalen, abgeplatteten Karapax, dessen Vorderrand deutlich abgesetzt ist. Auffallend ist die etwa quergestreifte, gezähnelte Furchengliederung der Oberfläche. Die Krabbe besitzt Scheren mit kurzen Scherenfingern.*

1

2

3

4

Superklasse Röhrenatmer *(Tracheata)*

Die *Tracheata* fassen die **Tausendfüßer** und die **Insekten** zusammen. Beide atmen durch röhren- oder sackartige Atmungsorgane der Haut (Tracheen).

Tausendfüßer *(Myriapoden)* leben auf dem Land. Sie kommen fossil seit dem Devon vor. Die aus dem Karbon überlieferten Reste des meterlangen »Tausendfüßers« ***Arthropleura*** erinnern mit Kopfschild, Spindel und Pleuren an Trilobiten. Im Bernstein sind Myriapoden besonders gut erhalten geblieben.

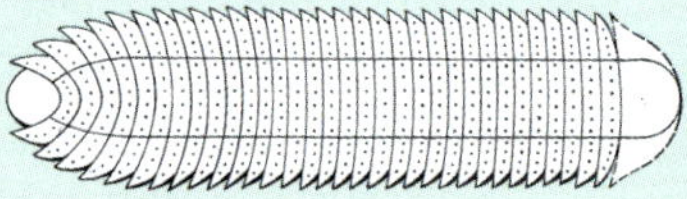

Arthropleura-Schema
Vorder- und Hinterteil sind wenig bekannt.

Arthroporiden-Segment (7 cm), Karbon, Saargebiet, D.

Klasse Insekten *(Hexapoda, Insecta)*

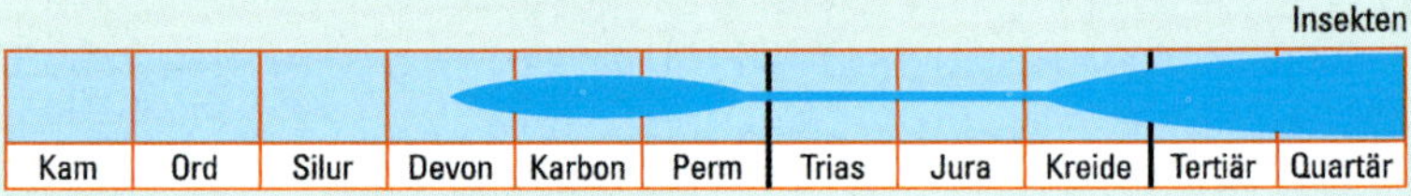

Diese artenreichste Tierklasse der Gegenwart ist fossil nur lückenhaft dokumentiert, weil deren Vertreter meist sehr klein und vorwiegend Landbewohner sind. Unter günstigen Fossilisationsbedingungen wie etwa in feinstkörnigen Sumpf- und Seeablagerungen sowie im **Bernstein** bleiben dagegen viele Insektenreste oft erstaunlich gut erhalten.

Mit Kopf (Caput), Brustteil (Thorax) und Hinterleib (Abdomen) gliedert sich der Insektenkörper in 3 Teile. Der **Kopfteil** mit Antenne und Mundgliedmaßen unterscheidet sich bei den Insektengruppen stark.

Die **Insekten** besitzen 3 Thoraxbeinpaare mit 2 netzartig versteiften Flügelpaaren an den beiden hinteren Beinpaaren. Im vorderen Flügelpaar können sich – typisch bei Käfern – kräftigere Deckflügel (Elytren) entwickeln.

Die für jede Insektengruppe charakteristischen Flügel bleiben häufig fossil erhalten und erlauben oft eine zuverlässige Bestimmung, die aber spezielle Kenntnisse voraussetzt.

Am **Abdomen** befinden sich bei ausgewachsenen Insekten keine Beinanhänge.

Als ältester, seltener Fossilfund aus dem Devon-Oldred von Schottland bezeugt das »Urinsekt« ***Rhyniella*** flügellose Vorfahren der Insekten.

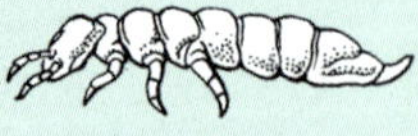

Urinsekt *Rhyniella*, Devon-Oldred, sehr klein, flügellos, entspricht den Springschwänzen *(Collembola)*.

*1 **Libelle** (6 cm), Tertiär-Miozän, Randecker Maar D. Wurde in fein geschichteten Kalk und Lavaresten (Dysodil) so plötzlich eingebettet, dass sie heute noch wie zu Lebzeiten aussieht.*

1

In Plattenkalk-Ablagerungen entdeckt man relativ häufig fossile Insekten, die im feuchten Kalkschlick rasch eingebettet wurden.

Käfer (1,5 cm), Tertiär-Oligozän, Cereste, Frankr.

Insekten im Bernstein (fossiles Baumharz) bleiben darin bis in alle Einzelheiten konserviert. Das erhärtete, widerstandsfähige, aber relativ leichte Harz kann durch Flüsse oder Meeresströmungen zusammengeschwemmt werden. So bildeten sich an vielen Stellen der Erde Bernsteinformationen wie z.B. der in oligozänen Ablagerungen konzentrierte Baltische Bernstein. Die ältesten Bernsteinfunde stammen aus Devon-Sedimenten.

1 *Ein winziger* ***Käfer*** *(3 mm), Tertiär, im Samland-Bernstein, Russland, eingeschlossen.*
2 *Stark vergrößerte Aufnahme des gleichen nur 3 mm großen* ***Käfers*** *von der anderen Seite.*
3 ***Mesobelostomum deperditum*** *(5 cm), Jura-Tithon, Eichstätt, D. Eine Wasserwanze mit kräftigen Zangen, Ruderfüßen und einer Atemröhre am Hinterleib; im Plattenkalk extrem zusammengepresst.*
4 ***Fliege*** *(1,5 cm), Tertiär-Oligozän, Cereste, Frankr.*

▽ **Libelle *Stenophlebia*** (Flügelbreite 16 cm), Jura-Tithon, Langenaltheim, D, mit schlanken Flügeln.

1

2

3

4

Stamm Moostierchen *(Bryozoa)*

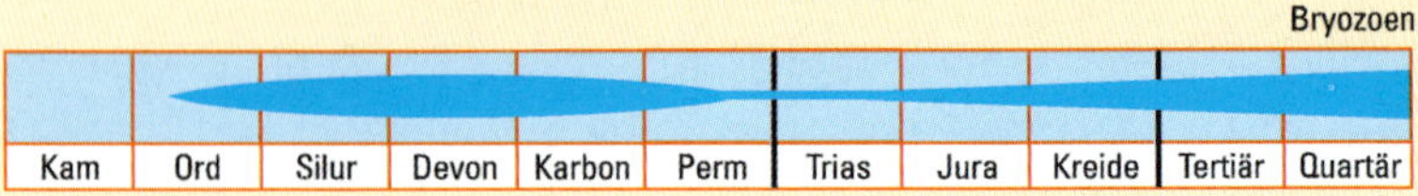

Die winzig kleinen, seit dem Ordovizium bekannten **Bryozoen** zählen zu den formenreichen Tiergruppen. Sie leben meist im Meer, stets in oft festgewachsenen, vielfältig ausgebildeten Kolonien (Zoaria) von unter 1 bis 50 cm Größe zusammen.

Eine **Einzelbryozoe** (Zooid) lebt in einem bei einigen Formen durch einen Deckel (Operculum) verschließbaren Gehäuse (Zooecium). Dort ist ihr hinterer Körperabschnitt (Cystid) festgewachsen. Der vordere, bewegliche Weichkörperteil (Polypid) kann ausgestülpt werden. Eine mit Tentakeln besetzte, kreis- oder hufeisenförmige Basis (Lophophor) umgibt die Mundöffnung. Die Afteröffnung (Ectoprocta) liegt außerhalb des Lophophors.

Die Gestalt des Gehäuses, insbesondere seine Mündung, dient als Bestimmungsmerkmal. Durch mikroskopische Untersuchung lassen sich Bryozoen genauer bestimmen. Zurzeit kennt man etwa 10 000 fossile Bryozoenarten.

Moostierchen-Schema

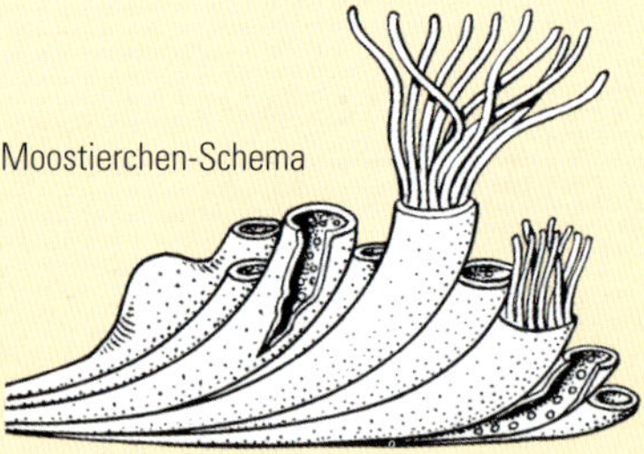

Die Bryozoen der Klasse ***Stenolaemata*** haben zylindrische, verkalkte Gehäuse, die meist durch Querböden unterteilt sind. Sie werden zurzeit in die Ordnungen ***Cyclostomida*** (Ordovizium bis Gegenwart), ***Systoporida*** (Ordovizium bis Perm), ***Trepostomida*** (Ordovizium bis Trias) und ***Cryptostomida*** aufgegliedert.

In der anderen Bryozoen-Klasse ***Gymnolaemata*** mit kasten- oder krugartigen, wenig verkalkten Gehäusen und ohne Mundverschluss sind zurzeit die Ordnungen ***Ctenostomida*** (Ordovizium bis Gegenwart) und ***Cheilostomida*** vertreten.

Bryozoen - Ansammlung im »Kuckerschen Brandschiefer« mit trepostomen Bryozoen ***Chasmatopora bifurcata*** (2 cm), Ordovizium, Estland.

1 ***Fenestella*** *(6 cm), Devon, Rommersheim, Eifel, D. Entwickelt sich zu einer netzartigen, trichterförmigen Kolonie mit parallelen Bändern mit Querverbindungen. So entstehen kleine Netz-Fenster (Fenestrulae). Die hier mit ihrem Anfangsteil nach oben zeigende Trichter-Kolonie bleibt nur selten komplett erhalten (Ordnung Cryptostomida).*

2 ***Archimedes*** *(3 cm), Karbon, Illinois, USA. Eine schraubenförmige cryptostomide Bryozoe mit netzartigen, hier abgebrochenen Kolonien.*

3 ***Hornera reteporacea*** *(5 cm), Tertiär-Miozän, Loire-Becken, Frankreich. Eine cyclostome Netz-Bryozoe.*

4 ***Cellepora polytele*** *(3 cm), Tertiär-Miozän, Ursendorf, D. Eine schüssel- und himbeerförmige Bryozoenkolonie der Ordnung Cheilostomida.*

1

2

3

4

Stamm Armfüßer *(Brachiopoda)*

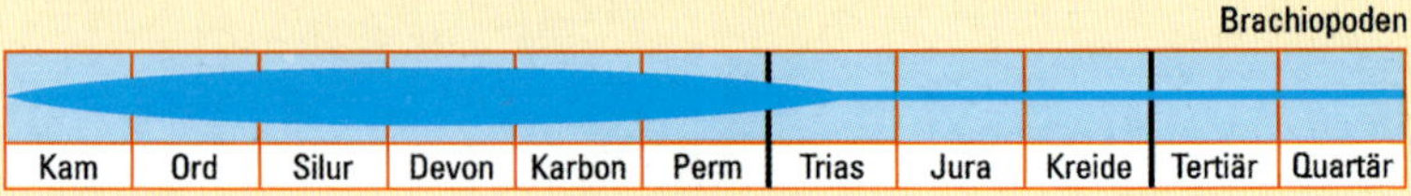

Nach ihrem Schalenmaterial gliedert man heute die Brachiopoden in die Klassen ***Lingulata*** (seit dem Kambrium) mit horniger (chitinophosphatischer) Schale und in die zahlreicheren ***Calciata*** (seit dem Ordovizium) mit kalkiger (kalzitischer) Schale, die sich fossil gut erhält. Bisher unterschied man Brachiopoden mit Schloss *(Articulata)* und ohne Schloss *(Inarticulata)*.

Fast alle Brachiopoden verankern sich mit einem vom Körperhinterende ausgehenden Stiel am Untergrund. Sie besitzen ein zweiklappiges Gehäuse, das aus Stielklappe und Armklappe besteht. Der Stiel tritt durch ein Stielloch (Foramen) oft in einem dreieckigen Einschnitt (Delthyrium) der Stielklappe oder zwischen den beiden Klappen aus dem Gehäuse.

Anders als bei den Muscheln trennt die Symmetrie-Ebene jede Klappe in eine rechte und eine linke Hälfte. Der Anfangsteil mit den Wirbeln der Klappen liegt am Stielansatz, der freie Vorderrand (Frontalrand) gegenüber.

Brachiopoden-Schema

Längsschnitt (Symmetrieebene)

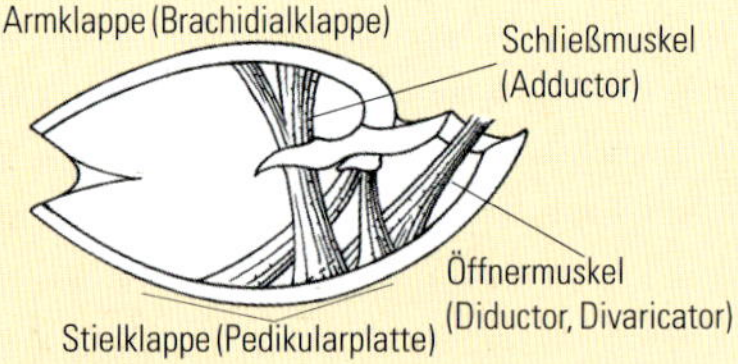

Aufsicht

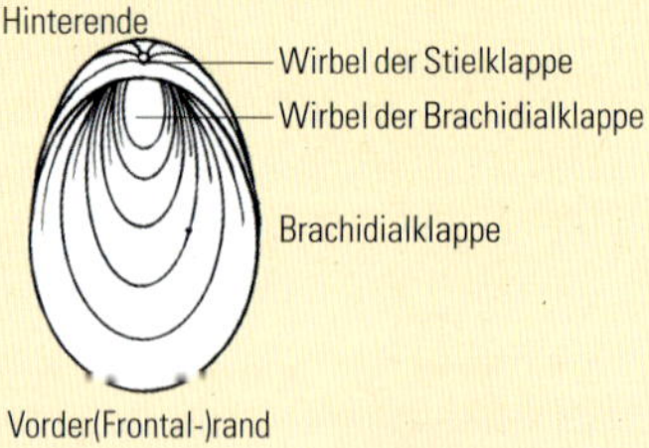

Die Brachiopodenklappen werden bei den ***Calciata*** durch Öffnermuskeln (Diductores) und Schließmuskeln (Adductores) bewegt. Die schlosslosen Brachiopoden (Lingulata) benutzen ein komplizierteres Muskelsystem.

Bewegungsmechanik

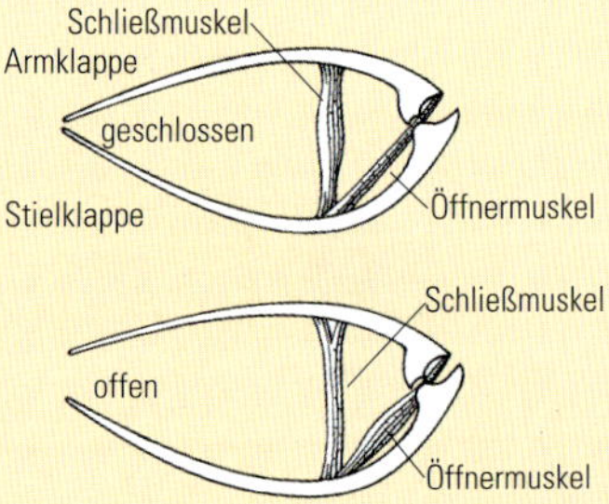

Die Armklappe nimmt die beiden meist spiralig gerollten, mit bewimperten Tentakeln besetzten und durch ein Kalkskelett (Brachidium) gestützten Arme (Lophophoren) auf. Früher betrachtete man die Arme, den Muscheln vergleichbar, als »Füße« und gab den Brachiopoden den Namen »Armfüßer«. Wichtig für die Klassifizierung und Systematik der Brachiopoden sind der Aufbau der Kalzitschale, die Muskelnarben im Schaleninneren, die Art des Stützskeletts und die Ausbildung der Austrittsöffnung des Stiels.

Im Erdaltertum (Paläozoikum) entwickelten sich die **Brachiopoden** besonders vielgestaltig. Insgesamt sind fossil etwa 1700 Gattungen nachgewiesen. Rezent kennt man nur rund 70 Gattungen.

1 ***Cymatorhynchia quadriplicata*** *(je 4 cm), Jura-Bajoc, Caen, Frankreich; nach dem Präparieren.*
2 Bergen eines Ammonitenrestes mit anhängender ***Brachiopoden-Ansammlung*** *im Aufschluss; vor dem Präparieren.*

1

2

Die **Brachiopoden** der Klasse **Lingulata** mit einem organisch(»hornig«)-phosphatischen Gehäuse und ohne Schloss und Armgerüst entwickelten sich formenreich im Kambrium und Silur. Vertreter der Lingulata, wie z.B. die Gattungen ***Lingula*** und ***Discinisca***, kommen noch heute vor.

Die Gattung ***Lingula*** (Ordovizium bis Gegenwart) hat sich als eine der langlebigsten Gattungen bis heute kaum verändert. Die rezente *Lingula* siedelt sehr dicht in feinsandigen Strandregionen. Mit einem langen, dicken Stiel verankert sie sich im Sediment und richtet ihr länglich ovales Gehäuse senkrecht mit dem Vorderrand nach oben. Am Stielaustritt sind die Klappen voneinander getrennt; sie zeigen deshalb keine Einbuchtungen für den Stielaustritt. Zahlreiche Eindrücke im Klappeninneren stammen von Muskeln, die die Bewegungen der Klappen bewirken. Fossile *Lingula*-Schälchen kommen in fast allen erdgeschichtlichen Formationen gehäuft vor (»Lingula-Schichten«).

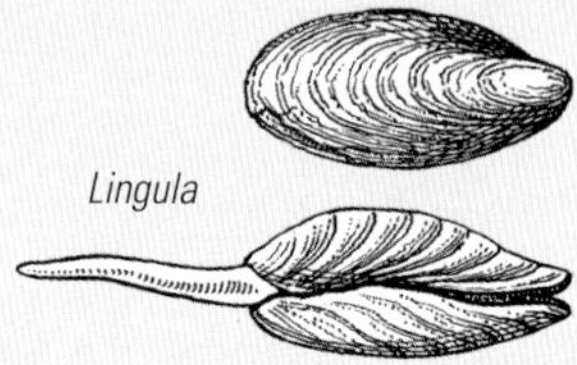

Lingula

Die Gattungen ***Orbiculoidea*** (Ordovizium bis Kreide) und ***Discinisca*** (Trias bis Gegenwart) sind kaum voneinander zu unterscheiden. Ihr rundes, hornig-phosphatisches Gehäuse besitzt kreisförmig verlaufende Anwachsstreifen und einen ziemlich zentral gelegenen Wirbel mit danebenliegender schlitzförmiger Öffnung. Die kleinen Schälchen wachsen mitunter auch auf Muscheln oder anderen Schalen.

1 ***Lingula tenuissima*** *(8 mm), Trias-Lettenkeuper, Obersontheim, D.*

2 ***Discinisca papyracea*** *(1 cm), Jura-Toarc, Dotternhausen, Balingen, D.*

Die Klasse ***Calciata*** nimmt alle Brachiopoden mit kalzitischer Schale auf. Dazu gehören die kalzitischen Vertreter der schlosslosen Brachiopoden *(Inarticulata)*, die in der Unterklasse ***Craniformea*** zusammengefasst sind.
Beispiel dafür ist die Gattung ***Crania*** (Ordovizium bis heute) mit meist runder, am Untergrund festgewachsener Stielklappe (dann ohne Stielloch) und einer oberen, runden Armklappe mit einer vom zentralen Wirbel ausgehenden Radialrippung.

Crania

Die in der Unterklasse ***Articulata*** zusammengefassten Brachiopoden besitzen in der Stielklappe zwei Schlosszähne, die mit den Zahngruben der Armklappe ein Scharnier bilden. Unter der Außenschicht (Periostracum) bestehen diese kalzitischen **Brachiopodenschalen** außen aus einer oberflächenparallel gefaserten und innen aus einer schräggefaserten Schicht.

Es gibt 3 Schalentypen:
a) **Punktate Schalen** mit Poren, die durch feinste Kanäle mit der Außenschicht verbunden sind.
b) **Impunktate Schalen** ohne Poren.
c) **Pseudopunktate Schalen** mit schräg eingelagerten Kalzitstäben (Taleolen).
Der Aufbau der Schale dient der Klassifizierung.

Die Ordnung ***Strophomenida*** (Ordovizium bis Jura) hat einen geraden Schlossrand, der der maximalen Breite entspricht und dadurch einen halbkreisförmigen Umriss bildet. Eine Klappe biegt oft in die andere hinein. Der dreieckige Einschnitt am Stielloch (Delthyrium) ist fast geschlossen. Erwachsene Strophomeniden besitzen keinen festwachsenden Stiel. Am Gehäuse sitzen Schlosszähne und Zahngruben. Die Schalen sind pseudopunktat. Mit fast 400 Gattungen stellen die *Strophomenida* die größte Brachiopodenordnung dar.

3 ***Strophomena rhomboidales*** *(4 cm), Ordovizium, Öland, S. Stielklappe innen eingewölbt.*

4 ***Leptaena rhomboidales*** *(2,5 cm), Silur, Högklint, Gotland, S. Randlicher Gehäuseteil nach innen abgeknickt, konzentrische Runzelung.*

1

2

3

4

Innenseiten primitiver Brachiopoden

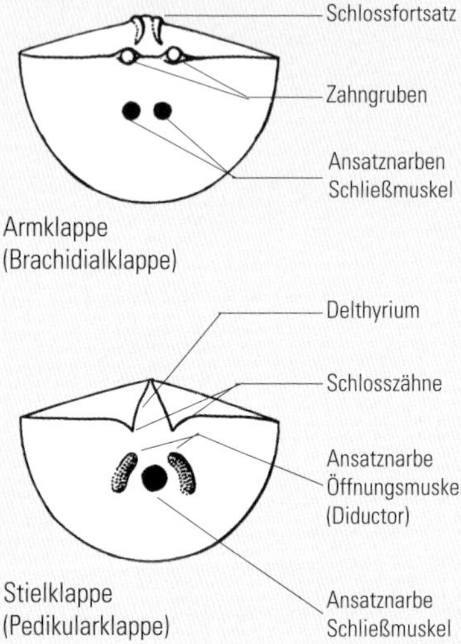

Die Ordnung ***Orthida*** (Kambrium bis Perm) mit geradem, oft langem Schlossrand und stets offenem Stielloch besitzt oft eine flache Klappe. Das Gehäuse ist radial berippt.

*1 **Schizophoria schnuri biscissa** (bis 4,5 cm), Devon, Eifel, D. Mit punktater (fein perforierter) Schale und kürzerem Schlossrand; Gehäuse sehr fein berippt.*

Die Ordnung **Pentamerida** (Ordovizium bis Perm) mit dreieckigem Stielloch und einem kurzen Schlossrand besitzt stark gewölbte Klappen mit größerer Stielklappe und heraustretendem Wirbel. In der Stielklappe bildet sich ein die Schlosszähne stützendes Medianseptum und ein typisches Skelettelement (Spondylium). Durch Verdickung der wirbelnahen, glatten (impunktaten) Schale gelang es den Pentameriden auch ohne Stiel im oder auf dem Sediment zu leben.

*2 **Parambonites** (5 cm), Ordovizium, Geschiebefund, Schleswig-Holstein, D, mit glatter Oberfläche.*

Bei den fortschrittlicheren Brachiopoden mit Schloss verkürzt sich der geradegestreckte Schlossrand und wird gebogen. Auch die dreieckige Stielöffnung, das Delthyrium, wird durch Kalkplatten (Deltidien) vom Rand her soweit eingeengt, dass noch ein rundes Stielloch bleibt. Für die Systematik sind die Ausbildungen der Kalkplatten und des Stiellochs wichtig.

Die Ordnung ***Rhynchonellida*** (Ordovizium bis heute) mit rundlichen Gehäusen und spitzem, nach hinten vorspringendem, schnabelartigem Wirbel der Stielklappe, unter dem ein rundes Stielloch liegt, besitzt einen kurzen, gebogenen Schlossrand. Brachidialskelett mit einfachen Cruren (schmale Fortsätze). Kräftige Radialrippung in beiden Klappen ergeben einen zickzackförmigen Vorderrand. Die Arten ähneln sich äußerlich sehr und sind im Jura zahlreich vertreten. Mit den *Terebratulida* überlebten die *Rhynchonellida* als einzige Brachiopoden-Ordnung bis heute.

*3 **Rhynchonelloidella alemanica** (bis 1,5 cm), Jura-Bathon, Blumberg, D, mit dreieckig-gerundetem Gehäuse und einem am Stirnrand aufragenden, 4- bis 5-fach gefalteten Sattel besitzt enge Radialfalten. Tritt – wie hier – stellenweise gehäuft auf.*

*4 **Lacunosella trilobata** (3 cm), Jura-Tithon, Sigmaringen, D, mit typischer Dreiteilung des Gehäuses und kräftigen Radialfalten.*

◁ ***Isjuminella decorata*** (3,5 cm), Jura-Bathon, Laon, Frankreich. Kräftig gerippt mit deutlich schnabelförmigem Wirbel der Stielklappe.

1

2

3

4

Der Brachiopodenkörper liegt nur im hinteren Teil des Gehäuses. In den vorderen, freien Gehäusehohlraum ragen die von einem Brachidialskelett gestützten, mit Tentakeln besetzten Arme (Lophophoren), die Nahrung aus dem einströmenden Wasser filtern.

Einfache Formen des Brachidialskeletts sind kurze, dreieckige Stützplatten (Brachiophoren) oder schmale, vorwärtsgerichtete Fortsätze (Cruren), an die sich bei weiterentwickelten Armen spiralig aufgerollte (helicopegmate) oder bandförmige (ancylopegmate) Kalklamellen anschließen.
Die Formen des Brachidialskeletts sind wichtige Bestimmungsmerkmale.

Die Ordnung ***Spiriferida*** (Ordovizium bis Jura) fasst Brachiopodengattungen mit einem Spiral-Armgerüst (helicopegmates Brachidialskelett) zusammen. Dazu zählen die Gattungen ***Spirifer***, ***Uncites*** und ***Athyris*** mit impunktater Schale. Nur die Gattung ***Spiriferina*** hat eine punktate Schale.

Die Gattung ***Spirifer*** (heute in mehrere ähnliche Gattungen aufgeteilt) erscheint im Silur und entfaltet sich vorherrschend im Devon. Letzte verwandte Gattungen reichen noch bis zum Unterjura. Kennzeichnend sind sehr lange, gerade Schlossränder. Der Wirbel der Stielklappe ragt stärker heraus. Das dreieckige Delthyrium bleibt offen oder lässt nur für das Stielloch Platz. Das

◁ ***Uncites gryphus*** (5 cm), Devon-Givet, Zingsheim, Eifel, D. Der Wirbel der Stielklappe ragt hier schnabelartig vor. Unter der Wirbelspitze bleibt ein rundes Stielloch frei. Das Gehäuse ist fein gerippt.

Athyris concentrica (2,5 cm), Devon-Givet, Zingsheim, Eifel, D, mit rundlicher Gehäusegestalt.

Gehäuse ist bei den meisten Spiriferiden kräftig radial gerippt mit großem Gehäusehohlraum. Die Spitzen der beiden spiraligen, kalkigen Armgerüste richten sich fast immer zur Seite.

Die Gattung ***Spiriferina*** kommt in der Trias und im Unterjura verbreitet vor. Sie unterscheidet sich bei gleicher Gestalt wie Spirifer durch eine punktate Schale. Mit gekrümmtem, spitzem Wirbel und oft kräftigen Radialfalten sind sie die letzten Vertreter der *Spiriferida*.

Spiriferina walcotti (3 cm), Jura-Sinemur, Wutachgebiet, D.

1 *Typische **Spiriferen-Ansammlung** mit bis zu 8 cm großen Brachiopoden aus dem Devon von Barvaux, Belgien.*
2 ***Spiriferina fragilis** (2 cm), Trias-Muschelkalk, Schwäbisch Hall, D.*
3 ***Spiriferina pinguis** (3,7 cm), Unterjura, Chateauroux, Frankreich. Gut zu sehen sind hier die fossil erhalten gebliebenen, typischen spiriferiden Armgerüste.*

1

2

3

Die Ordnung ***Terebratulida*** – Devon bis Gegenwart – entfaltet sich von der Trias bis zur Kreide besonders artenreich. Der Name ***Terebratula*** wird häufig als Sammelbegriff gebraucht, weil sich die äußeren Merkmale oft wenig unterscheiden. Die *Terebratulida* besitzen ein nach außen gewölbtes, rundlich ovales Gehäuse mit meist glatter Oberfläche. Der Wirbel der Stielklappe hebt sich deutlich ab und ist am Ende von einem runden Stielloch durchbohrt. Die Schalen sind punktat. Die Unterschiede im ancylopegmaten Armgerüst mit einem kürzeren oder längeren, oft schlaufenförmigen Kalkband und meistens in Verbindung mit einem Medianseptum dienen der genaueren Klassifizierung der Arten.

Fundstück mit **Ornithella** (bis 4 cm), Jura-Bathon, Blumberg, D. Noch nicht präpariert.

Juralina insignis (5 cm), Jura-Tithon, Saal, D. Im aufgeplatzten Gehäuse ist ein Teil des schlaufenförmigen Kalkgerüsts zu sehen.

*1 **Ornithella** (4 cm), Jura-Bathon, Blumberg, D, ist etwa fünfeckig-gerundet mit geradem Vorderrand, kleinem Stielloch und glatter bis schwach konzentrisch gestreifter Oberfläche.*

*2 **Stringocephalus burtini** (5 cm), Devon, Dahlem, Eifel, D, ist Leitfossil im Mitteldevon und zeichnet sich durch ein dick-rundes Gehäuse mit schnabelartig vorspringendem Wirbel der Stielklappe (»Eulenkopf«) aus.*

*3 **Terebratula grandis** (6 cm), Tertiär-Miozän, Doué, Frankreich. Die auf Miozän und Pliozän beschränkte Gattung hat eine glatte Oberfläche, schwache Anwachsstreifen und langovale Klappen mit großem Stielloch.*

◁ ***Pygope dyphia*** (3,5 cm), Jura-Tithon, Verona, Italien. Als auffälligstes Merkmal besitzt diese Art eine tiefe, in der Mitte liegende Öffnung am Vorderrand, die durch beide Klappen führt

1

2

3

Stamm Kragentiere *(Branchiotremata)*

Dieser Stamm enthält die für Ordovizium und Silur als **Leitfossilien** wichtigen **Graptolithen**. Die übrigen dort eingeordneten, formenarmen primitiven Organismen stehen wegen ihrer inneren Kiemenkörbe vermutlich den Wirbeltieren nahe.

Klasse Graptolithen *(Graptolithina)*

Graptolithen

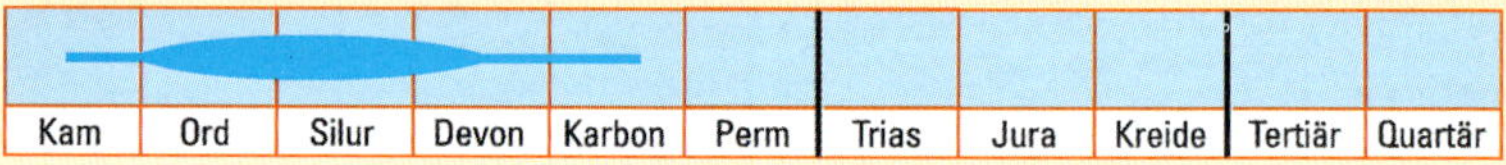

Im Kambrium treten die ersten **Graptolithen** auf und verbreiten sich im Ordovizium und Silur weltweit mit letzten Arten im Karbon. Auf dunklem Schiefer sehen ihre oft weißen Reste wie Schriftzeichen aus (Graptolithen = Schriftsteine).

Die winzig kleinen, in röhrenförmigen Gehäusen (Theka) lebenden Einzelindividuen bilden unterschiedliche, zunächst sesshafte, später auch frei schwimmende Kolonien (Rhabdosomen). Diese hängen an einem von der nach unten gerichteten Anfangskammer (Sicula) ausgehenden Achsenfaden (Nema). Die Kolonien durchzieht ein Weichteilstrang (Stolon), von dem sich die Einzeltiere in ihren Theken abzweigen.

Die Ordnung ***Dendroidea*** – Kambrium bis Karbon – besitzt verzweigte, am Untergrund direkt oder mit einer Haftscheibe befestigte, röhrenförmige Kolonien, die an den Stolonröhren (Stolonotheken) paarweise Theken (Autotheken und Bitheken) entwickeln. Bekannteste Gattung und Leitfossil im Ordovizium ist ***Dictyonema***.

Dendroide Graptolithenkolonie
(stark vergrößert)

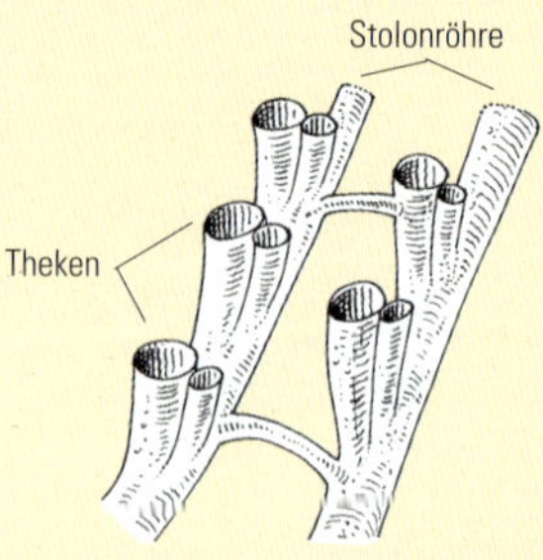

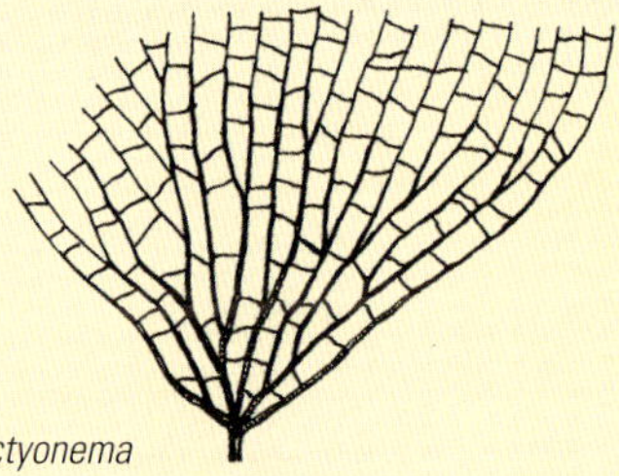

Dictyonema

1 ***Dictyonema flabelliforme*** *(5 x 3 cm), Ordovizium, Bornholm, Dänemark.*

Die Ordnung **Graptoloidea** – Ordovizium bis Devon – enthält als Planktonorganismen lebende Graptolithen-Kolonien mit jeweils nur einem speziellen Thekentyp. Das Rhabdosom wächst von der Anfangstheke (Sicula) aus und bildet lange, dünne Arme mit nacheinander sprossenden, ein- oder zweizeiligen Theken. Bei axonolipen Graptolithen wächst eine Theke an der anderen ohne durchgehende Achse.

Didymograptus

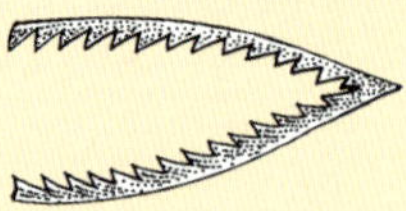

2 ***Didymograptus*** *(bis 4 cm), Ordovizium, Wales, England. Typisch für diese Gattung sind 2 Arme in jeder Kolonie.*

3 ***Monograptus triangulatus*** *(2 cm), Silur, Gotland, Schweden. Die einzeiligen Theken sind spiralig gerollt.*

4 ***Monograptus uncinatus*** *(Fundstück 7 x 10 cm), Silur, Geschiebe, Flensburg, D.*

1

2

3

4

Bei den **axonophoren Graptolithen** verlängert sich der spitze Anfangsteil der Sicula zu einem mitwachsenden Faden (Nema), an den sich neue Theken in entgegengesetzter Richtung zur Sicula anlegen. Der Nemafaden wird dadurch zur Mittelachse des Rhabdosoms. Ein typisches Beispiel dafür ist ***Diplograptus***.

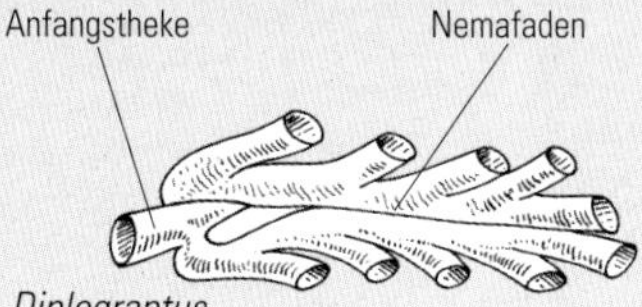

Diplograptus

Rastrites

Monograptus chimaere (2,5 cm), Silur, Geschiebe, Flensburg, D, in körperlicher Erhaltung.

1 ***Diplograptus toernquisti*** *(2 cm), Ordovizium, Bornholm, Dänemark, mit zweizeiliger Thekenanordnung am Nemafaden.*
2 ***Monograptus spiralis*** *(Durchmesser 2,5 cm), Silur, Gotland, Schweden, mit spiralig eingerolltem Rhabdosom.*
3 ***Phyllograptus angustifolius*** *(2 cm), Ordovizium, Bornholm, Dänemark. Die blattförmigen Rhabdosome dieser Art bestehen aus 4 einseitig mit Theken belegten, miteinander verwachsenen Zweigen.*

Stamm Stachelhäuter *(Echinodermata)*

Die seit dem Kambrium bekannten **Stachelhäuter** behielten im Paläozoikum weitgehend ihre am Boden haftende (sessile) Lebensweise bei. Die fortschrittlicheren Formen gehen überwiegend zur freien Beweglichkeit über.
Die *Echinodermata* schließen die durch Fossilien bekannten **Seelilien**, die **Seesterne**, **Schlangensterne** und die **Seeigel** ein.
Außerdem wird der vom Kambrium bis zum Silur nachgewiesene, aber fossil seltene Unterstamm **Homalozoa** (ohne erkennbare Fünfstrahligkeit und ohne typische Ambulakralzonen) hier eingeordnet. Es handelte sich wohl um flache, asymmetrische Lebensformen.
Anders als alle anderen Wirbellosen verfügen die **Stachelhäuter** wie die Wirbeltiere über ein Innenskelett, das aus zahlreichen vieleckigen (polygonalen), vorwiegend fünfeckigen (pentagonalen) Kalkplättchen besteht. Diese können beweglich verbunden sein oder eine starre Skelettkapsel bilden. Auf den Kalkplättchen befinden sich meist Stacheln, Borsten und andere gelenkige Anhänge (»Stachelhäuter«).

Typisches Merkmal der **Stachelhäuter** ist die vorherrschende Fünfstrahligkeit (fünfstrahlige Radialsymmetrie). Sie besitzen ein spezielles Wassergefäßsystem, das Ambulakral-System, dessen fünf Ambulakralgefäße radial von der Mundregion ausstrahlen.

Unterstamm Seelilienartige *(Crinozoa)*

Zu diesem Unterstamm zählen vorwiegend festgeheftete Stachelhäuter mit nach oben gerichtetem Kelch und verzweigten Armen oder unverzweigten Brachiolen.
Fossil bedeutend und formenreich gehören dazu die **Knospenstrahler** (*Blastoidea*, Ordovizium bis Perm), die **Beutelstrahler** (*Cystoidea*, Kambrium bis Devon) sowie die **Seelilien** (*Crinoidea*, Ordovizium bis Gegenwart).

4 *Selten: ein vollständiger, fossiler* ***Seestern Astropecten*** *(4 cm), Tertiär-Miozän, Australien. Skelettelemente sind nur häutig miteinander verbunden, fallen nach dem Tod auseinander.*

1

3

2

4

Klasse Knospenstrahler *(Blastoidea)*

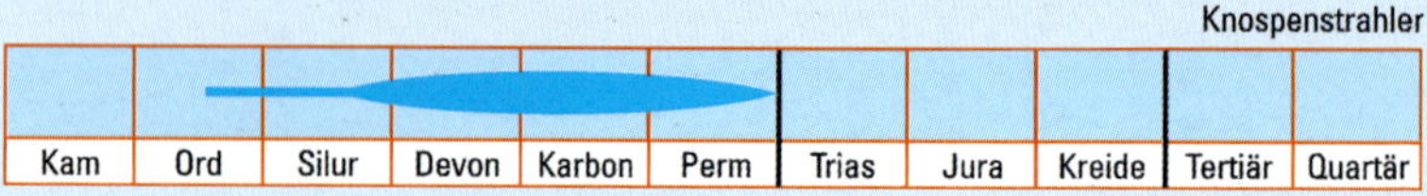

Die vom Ordovizium bis zum Perm vorkommenden **Blastoideen** besitzen eine kelchförmige, knospenartige **Skelettkapsel** (Theka) mit nach oben gerichteter Mundregion, von der 5 offene Ambulakralrinnen (⇨S.132) radial ausstrahlen. Die mit 13 geometrisch regelmäßig angeordneten, fest verbundenen Skelettplatten umgebene Theka sitzt auf einem festgewachsenen Stiel.

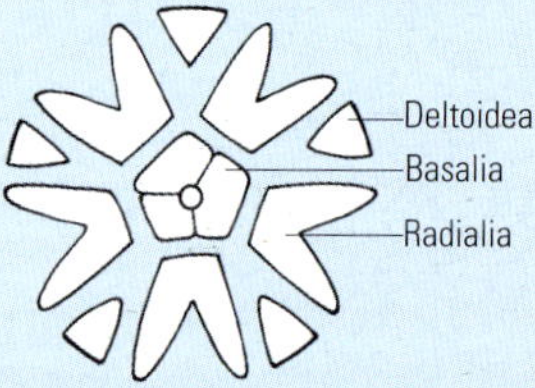

Auseinandergelegter Blastoidenkelch

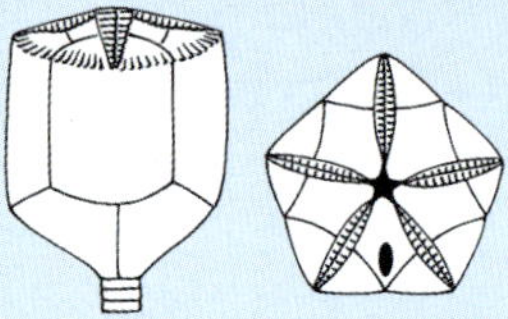

Codaster – Karbon – besitzt einen becherförmigen Kelch mit hohen Basalplatten und kurzen, schmalen Ambulakralfeldern auf der Oberseite.

Pentremites – Karbon – mit kugelig-knospenförmigem Kelch hat breite, blattartige Ambulakralfelder, die weit zur Kelchbasis hin reichen.

1 ***Pentremites godoni*** *(1,5 cm), Karbon, Milistat, Illinois, USA.*

Klasse Beutelstrahler *(Cystoidea)*

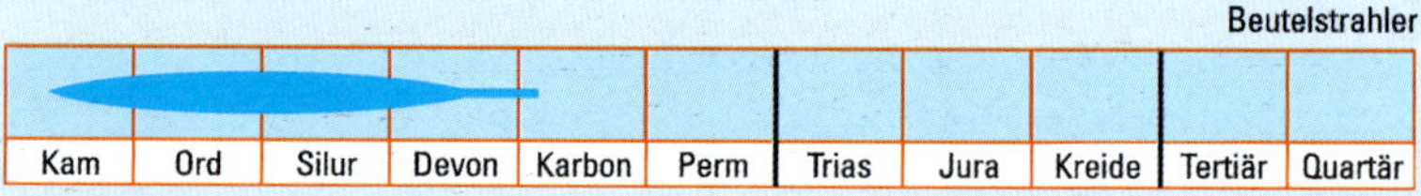

Die **Cystoideen** – Kambrium bis Karbon – besaßen eine kugel- oder beutelförmige Theka, die mit vielen unregelmäßig angeordneten, polygonalen Skelettplättchen umgeben war. Die Beutelstrahler gliedern sich auch nach der Struktur der Poren auf den Plättchen in die Ordnung ***Rhombifera*** mit Porenrauten (Dichoporen) und in die Ordnung ***Diploporita***, meist mit Doppelporen (Diploporen). Beide Ordnungen sollen jetzt eigene Klassen bilden. Von der nach oben gerichteten Mundregion strahlen hier mitunter weniger als 5 (je nach Art 2-5) offene Ambulakralrinnen in einen verlängerten Fortsatz (Brachiole) aus.

2 ***Sphaeronites pomum*** *(4 cm), Ordovizium, Kinnekulle, Schweden, mit kugeliger, aus vielen Diploporen-Plättchen gebildeter Kapsel.*

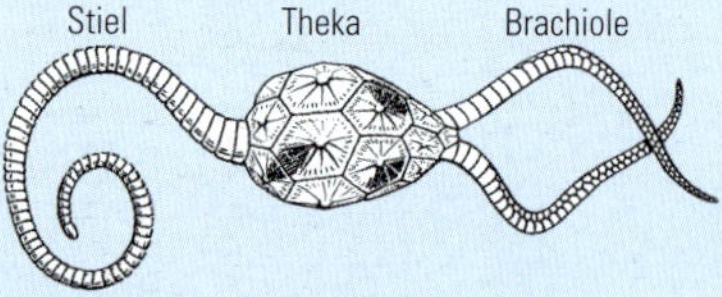

Pleurocystites – Ordovizium – besitzt eine birnenförmige Skelettkapsel mit 24 polygonalen Plättchen und 2 lange Brachiolen.

3 ***Holocystites (Aristocystites) scutellatus*** *(4,5 cm), Silur, Indiana, USA. Die Art weist eine oval-tropfenförmige Skelettkapsel auf und gehört zur formenreichsten Cystoiden-Familie.*

4 ***Echinophaerites aurantium*** *(4 cm), Ordovizium, Öland, Schweden, mit vielen, erst durch Verwitterung sichtbaren Einzelplatten.*

1

2

3

4

Klasse Seelilien *(Crinoidea)*

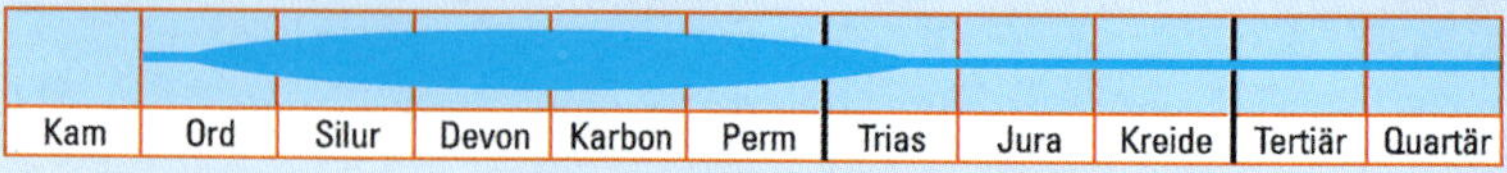

Die **Seelilien** entwickelten sich im Paläozoikum vielfältig und wohl überwiegend in küstennahen Bereichen. Die heutigen sessilen Arten leben in tieferem Wasser. Vollständige Seelilienskelette erhalten sich fossil nur bei schneller Einbettung in ruhigem Wasser. Sie sind daher seltener zu finden als die zusammengespülten Stielglieder.

Stielglieder von ***Isocrinus basaltiformis*** (7 mm), Unterjura, Altenhagen, Bielefeld, D. Pyritisiert in Tonschichten eingebettet.

Die meisten Seelilien besitzen einen oft langen, durch Stielglieder (Columnalia) beweglichen Stiel (Columna), der am Boden wurzelt oder scheibenartig haftet. Junge Seelilien waren immer gestielt. Im Gegensatz zu heute sind fossil nur wenige frei schwimmende Arten bekannt. Die fossil häufigen, kreisrunden, sternförmigen oder fünfeckigen **Stielglieder** mit einem Zentralkanalloch in der Mitte und spezieller Maserung an der Gelenkfläche helfen bei der Bestimmung.

Der Seelilienkelch (Theka), aus 2-3 fünfteiligen Plattenkränzen aufgebaut, schließt den Weichkörper ein. In der Kelchdecke (Tegmen) liegen, oft durch Kalkplatten verdeckt, Mund- und Afteröffnung. Von der Mundregion strahlen 5 meist verdeckte Ambulakralrinnen (⇨S.132) zum Kelchrand und verlängern sich hier in häufig ungleich lange (heteroforme) oder gleich lange (isotome), verzweigte Arme (Brachia) mit oft nach oben gerichteten »Fiederfäden« (Pinnulae).

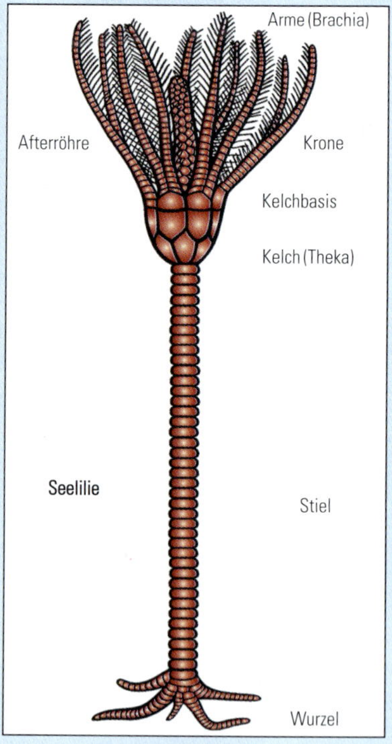

1 ***Scyphocrinites*** *(Krone 14 cm), Devon, Erfoud, Marokko. Eine Seelilie der Unterklasse Camerata (⇨ S.140).*

1

Der Aufbau des Seelilienkelchs (Theka) gibt wichtige Merkmale zur Bestimmung an die Hand. Die Kelchbasis kann entweder monozyklisch (5 Basalia und 5 Radialia) oder aber dizyklisch (5 Infrabasalia, 5 Basalia, 5 Radialia und mitunter noch eingegliederte Anfangsplatten der Arme) sein. Die vielfältige Gliederung der Arme (Brachia) bietet eine weitere Bestimmungshilfe. Die Seelilien gliedern sich in 4 Unterklassen: ***Inadunata, Flexibilia, Camerata*** und ***Articulata***.

Seelilien Kelchbasis

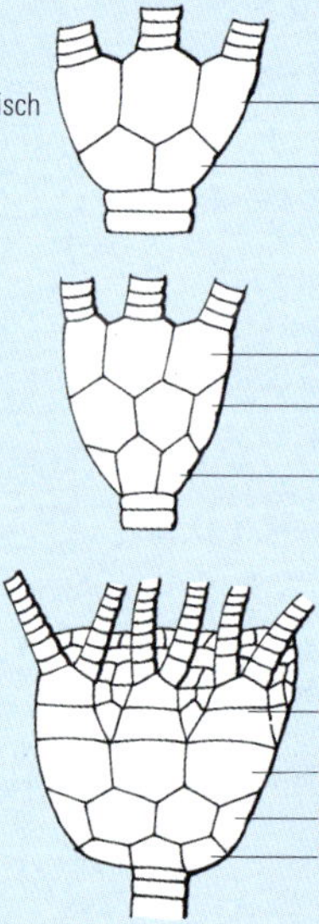

Die kalzitischen Skelettelemente der **Seelilien** sind wie bei allen Stachelhäutern bei den lebenden Tieren porös aufgebaut (ca. 60% Poren). Eine organische Komponente (Stroma) füllt die Poren aus und macht das Skelett so leicht und widerstandsfähig. Bei der Fossilisation ersetzen sehr oft Kalzitkristalle das Stroma und bilden die für fossile Stachelhäuter-Reste typischen Kalkspatkristalle. Werden die vor ihrer Einbettung leichten Skelettelemente durch die Meeresströmung transportiert und zusammengespült, können sie sich zu gesteinsbildenden Schichten ablagern (»Trochitenkalk«).

Seelilien-Stielglieder von ***Encrinus*** (8 mm), Trias, »Trochitenkalk«, Neidenfels, D.

1 ***Gogia spiralis*** *(5 cm), Kambrium-Marjium, Utah, USA, ist wohl ein Vorläufer der Seelilien mit Merkmalen sowohl der Beutelstrahler (verzweigte Ambulakralfurchen und zweizeilige Brachiolen) als auch der Seelilien (3 Thekalplattenkränze und einreihige Arme). Gogia mit annähernd kugeliger Theka und 8-22 langen, nicht verzweigten Brachiolen besitzt einen Stiel mit einem zentralen Hohlraum.*

Die Seelilien der Unterklasse ***Inadunata*** – Ordovizium bis Trias – besitzen einen kleinen monozyklischen oder dizyklischen Kelch. Die Arme sind frei und beweglich, die Kelchplatten fest verbunden. Bis heute wurden über 1700 Arten bestimmt.

2 ***Encrinus liliformis*** *(Krone 6 cm), Trias-Muschelkalk, Crailsheim, D, mit 10 oft noch einfach vergabelten Armen die bekannteste Seelilie der Trias. Ihre runden Stielglieder treten sehr häufig gesteinsbildend massenhaft auf (»Trochitenkalk«).*

3 ***Cupressocrinites abbreviatus****, Kelchplatte, (4 cm), Devon, Üxheim, Eifel, D.*

4 ***Cupressocrinites abbreviatus*** *(Krone 5,5 cm), Devon-Givet, Hillesheim, Eifel, D, mit breitem, niedrigem Kelch und breiten, unverzweigten, gelenkigen Armen.*

1

2

3

4

Seelilien: Gliederung der Arme (Brachia)

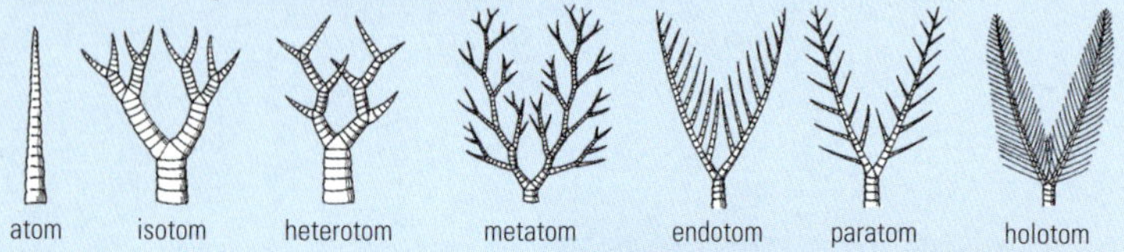

Die Seelilien der Unterklasse ***Flexibilia*** – Ordovizium bis Perm – besitzen große, dizyklische, biegsame Kelche, deren Platten mit Ligamentbändern flexibel verbunden sind. Die meist gabelartig verzweigten Arme tragen keine Seitenzweige (Pinnulae). Es gibt rund 300 *Flexibilia*-Arten.

1 ***Taxocrinus stuerzi*** *(Krone 6 cm), Devon, Bundenbach, D, mit kleinem, breitem Kelch, der durch mit Bindegewebe verbundene Platten flexibel bleibt. Die gabelartig verzweigten Arme teilen sich an der Basis auf und besitzen keine Pinnulae.*

2 ***Forbesiocrinus multibrachiatus*** *(Krone 5 cm), Karbon, Montgomery Co., Indiana, USA, mit kugeliger Krone und sehr flachem Kelch. Die Arme teilen sich mehrfach.*

Die Seelilien der Unterklasse ***Camerata*** – Ordovizium bis Perm – haben einen monozyklischen oder dizyklischen, großen Kelch mit starr verbundenen Kelchplatten. Ihre verzweigten Arme tragen Pinnulae. Bisher wurden etwa 2500 Arten bestimmt.

Fossil-Hohlräume von ***Rhipidocrinites crenatus*** (1 cm), Devon-Givet, Lindla, D. Die zusammengespülten Stielglieder lösten sich bei ihrer Fossilisation auf und ließen ihre typische Form als Negativabdruck zurück.

Amphoracrinus gigas (4 cm), Karbon, Clitheroe, England. Kelchbasis mit Ansatzplatte für den Stiel. Hier ist der basale Plattenkranz sechseckig wegen einer eingeschalteten Analplatte. Die Arme setzen fast waagrecht am Kelch dieser cameraten Seelilie an.

Scyphocrinites (Bild ⇨ S. 137) mit einem großen Kelch aus besonders vielen Kelchplatten (vorwiegend in den Kelch einbezogene Armplatten). Dadurch gehen vom Kelchrand 10 sich isotom vergabelnde Arme aus. Die Krone mit zentraler Afterröhre kann bis zu 65 cm groß werden.

3 ***Platycrinites saffordi*** *(Kelch 5 cm), Karbon, Montgomery Co., Indiana, USA, hat eine monozyklische Kelchbasis und zahlreiche, kaum verzweigte Arme. Kelchplatten tragen Strukturen. Der Stiel hat große Zwischenglieder (Nodalia).*

4 ***Macrocrinus mundulus*** *(Krone 5 cm), Karbon, Crawfordsville, Indiana, USA. Die Seelilienkrone besitzt zahlreiche Arme mit Pinnulae und eine lange Afterröhre.*

1

2

3

4

Die **Seelilien** weisen weder Kopf noch Sinnesorgane auf. Sie reagieren jedoch dank vieler Tastzellen empfindsam auf Berührung. Als Nahrung nehmen sie über die Arme und deren Verzweigungen (Pinnulae) Mikroorganismen zu sich. Manche Seelilien entwickeln zunächst etwas größere Stielglieder (Nodalia), zwischen die später kleinere Stielglieder (Internodalia) wachsen. Vorwiegend an den Nodalia bilden manche Seelilien ständig bewegliche Körperanhänge (Cirren), mit denen sie atmen und sich festhalten können.

In die Unterklasse **Articulata** – Trias bis heute – sind fast alle Seelilien seit der Trias eingeordnet. Sie besitzen einen meist kleinen, dizyklischen Kelch mit vorwiegend isotom vergabelten Armen, die immer Pinnulae tragen. Es gibt viele stiellose Formen mit am Untergrund festsitzendem Kelch oder auch freischwimmend.

Ihre größte Verbreitung erreichten die gestielten **Seelilien** von Silur bis Karbon. Sie lebten damals vorwiegend in flacheren Meeresgebieten. Heute gibt es nur noch 80 Arten von den gestielten Seelilien, die alle im tieferen Wasser siedeln. Viele der ca. 550 rezenten, stiellosen Arten leben im Küstenbereich.

Wurzelboden von 2 Seelilien ***Millericrinus*** (Bruchflächen 5 cm), Jura-Oxford, Liesberg, Schweiz, mit typischer, violetter Färbung (Fringelit).

◁ ***Cyrtocrinus (Eugeniacrinus) nutans*** (2 cm), Jura-Kimmeridge, Geisingen, D. Haftfuß auf Ammonitensteinkern. Kurze, rundgestielte Seelilie mit nelkenförmiger Krone.

1 ***Millericrinus mespiliformis*** *(Kelch 3,5 cm), Oberjura, Rotensohl, D, mit einem großen, niedrigen, hier verkieselten Kelch, der auffallend dicke Platten (Basalia und Radialia) hat.*
2 ***Seirocrinus subangularis*** *(15 cm), Jura-Toarc, Holzmaden, D. Hier wurden gewaltige Seirocrinus-Seelilien gefunden mit bis zu 1400 Armen an den Kronen und bis zu 20 m langem Stiel.*
3 ***Saccocoma pectinata*** *(4 cm), Jura-Tithon, Langenaltheim, D. Eine kleine, schwimmende Seelilie mit kugeligem Kelch und 10 Armen, die an der Basis blattförmige Verbreiterungen und am Ende alternierende, oft eingerollte Seitenzweige besitzen.*
4 ***Pterocoma (Antedon) pennata*** *(20 cm), Jura-Tithon, Langenaltheim, D. Die selten gefundene Art zeichnet sich durch 10 Armpaare aus, die lange Fortsätze tragen, sowie durch viele Cirren an der Kelchunterseite (»Haarstern«).*

1

2

3

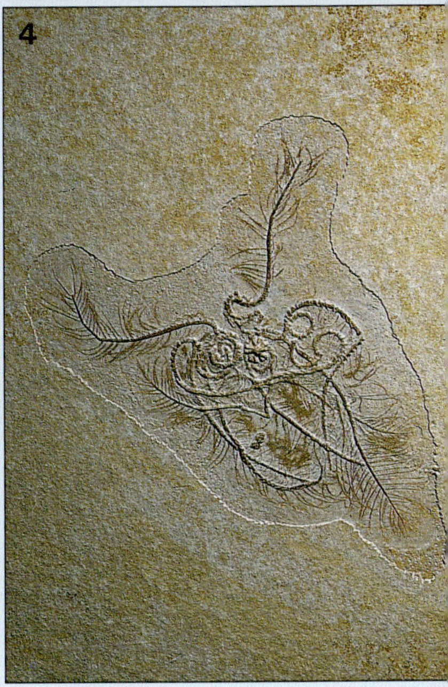
4

Unterstamm Seesternartige *(Asterozoa)*

Seesterne

Kam	Ord	Silur	Devon	Karbon	Perm	Trias	Jura	Kreide	Tertiär	Quartär

In einer einzigen Klasse ***Stelleroidea*** sind hier die seit dem Ordovizium bis zur Gegenwart vorkommenden, frei beweglichen, sternförmigen Stachelhäuter zusammengefasst.
Meist erhalten sich fossil nur isolierte Skelettplatten und nur sehr selten, unter günstigen Bedingungen, vollständige Exemplare.
Die **Asterozoen** zeichnen sich durch eine meist flache, zentrale Körperscheibe aus und richten ihre Mund- und Ambulakralseite nach unten. Die Ambulakralzonen reichen bei diesen Tieren bis in die Spitzen der fast immer 5 Arme, die der Fortbewegung dienen.

Unterklasse Seesterne *(Asteroidea)*

Im sternförmigen, flachen, fünfstrahligen Körper setzen sich die Arme der **Seesterne** nicht deutlich vom Mittelteil ab. Sie besitzen unterschiedliche äußere Skelettanhänge (z.B. Dornen, Stacheln oder zangenartige Pedicellarien).
Komplette fossile Seesterne bleiben wegen der nur häutig miteinander verbundenen Kalkplättchen ihres Skeletts nur selten erhalten.

Sphaeraster scutatus (2,5 cm), Oberjura, Ulm, D. Plättchen mit Stachelansatz eines meist hochgewölbten, fast halbkugeligen Seesterns.

*1 Seestern **Urasterella asperula** (5 cm), Devon, Bundenbach, D, mit kleiner Körperscheibe und langen, schmalen, runden Armen. Mit dornigen Körperanhängen schützte er seine Atemsäcke.*

Unterklasse Schlangensterne *(Ophiuroidea)*

Auch die seit dem Ordovizium vorkommenden **Schlangensterne** besitzen eine zentrale Körperscheibe mit nach unten gerichtetem, sternförmigem, fünfspaltigem Mund sowie deutlich abgesetzte, sehr bewegliche, schlanke Arme, die sich regenerieren können.
Nur unter günstigen Fossilisationsbedingungen bleiben Ophiuren fossil erhalten, sind dann meist schichtweise zahlreich vertreten. Ausfüllungen ihrer Ruhespuren zählen zu den fossilen Raritäten.

Asteriacites lumbricalis (3 cm), Jura-Hettang, Frankenhofen, D. Sandausfüllungen von **Schlangenstern-Ruhespuren** (⇨ S.16 Lebensspuren).

*2 **Ophiura texturata** (4,2 cm), Tertiär-Pliozän, Rimini, Italien, mit sich typisch schlangenartig bewegenden Armen.*

*3 **Aspidura scutellata** (1 cm), Trias-Muschelkalk, Obersontheim, Süddeutschland.*

*4 **Ophiopinna elegans** (3 cm), Jura-Callov, La Voulte, Frankreich, mit pyritisierten Exemplaren.*

1

2

3

4

Unterstamm Seeigelartige *(Echinozoa)*

Außer einigen kleinen, fossil wenig bedeutenden Gruppen gehört zu den Echinozoen neben den **Seeigeln** die Klasse **Seewalzen** *(Holothuroidea)*, die, fossil vom Kambrium bis zur Gegenwart nachgewiesen, meist nur ihre kleinen, verschiedenartigen Skelettelemente (Spikula, Sklerite) hinterlässt.

Klasse Seeigel *(Echinoidea)*

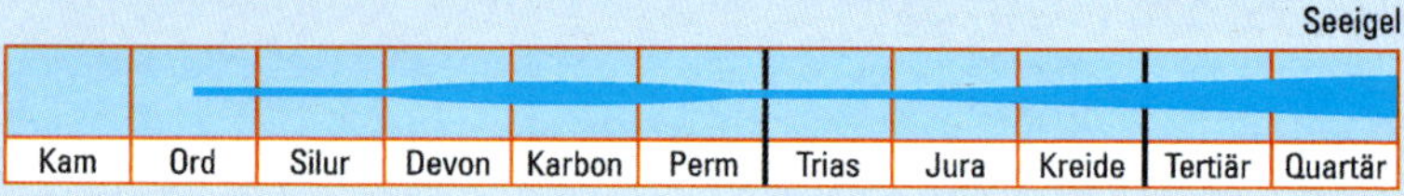

Die seit dem Ordovizium bekannten **Seeigel** zählen wegen ihres verkalkten, gut erhaltungsfähigen Gehäuses (Corona) seit der Trias zu den häufigen und wichtigen Fossilien.

Das Gehäuse besteht aus meist fest verbundenen Kalkplättchen mit dem unten liegenden Mundfeld (Peristom) und dem gegenüberliegenden Afterfeld (Periprokt). Nach deren Anordnung kann man die seit der Trias bekannten **Regulären Seeigel** *(Regularia)*, bei denen Mund und After gegenüberliegen, und die seit dem Unterjura vorhandenen **Irregulären Seeigel** *(Irregularia)* mit veränderten Mund- und Afterpositionen unterscheiden. Im Gehäuse liegt bei der Mundöffnung ein Kauapparat (»Laterne des Aristoteles«) mit einem bei den Regulären Seeigeln voll entwickelten, aus 40 Einzelelementen mit 5 Zähnen bestehenden Kiefergerüst, dessen unterschiedliche Ausbildungen für die Bestimmung der Arten wichtig sind.

Regulärer Seeigel (Gehäusedurchmesser 8 cm) mit Kauapparat (»Laterne des Aristoteles«), rezent, Mittelmeer.

Die 5 Ambulakralzonen (⇨ S. 132) mit doppelporigen Platten zum Durchtritt der Ambulakralfüßchen aus den im Gehäuse liegenden Ambulakralgefäßen verlaufen vom Mund- zum Afterfeld getrennt durch die 5 Interambulakralzonen.

Die **Regulären Seeigel** bilden um die Afteröffnung das aus 5 größeren Genitalplatten und 5 kleineren Ocellarplatten bestehende Apikalfeld. Eine besonders große, siebartig durchlöcherte Genitalplatte, die Madreporenplatte, wird stets nach rechts oben gedreht und so zur gleichartigen Orientierung der Seeigelgehäuse benutzt.

Auf den Skelettplatten der Gehäuseoberfläche befinden sich mikroskopisch kleine, gestielte, Zangen tragende Pedicellarien und die Stacheln mit einer Gelenkpfanne, einem glatten Stachelhals und unterschiedlich geartetem Stachelschaft.

Die Stacheln sitzen, von Muskeln bewegt, auf Gelenkköpfen (Warzen), die von einem runden Warzenhof (Areole) und von Ringwarzen umgeben sein können. Die Gestalt wie auch die innere Struktur der Stacheln dienen als Bestimmungsmerkmale (Zeichnung ⇨ S. 148).

*1 **Irregulärer Seeigel Astrodapsis arnoldi** (5 cm), Tertiär-Miozän, Cuyana-Valley, Kalifornien, USA. Seeigeloberseite.*

1

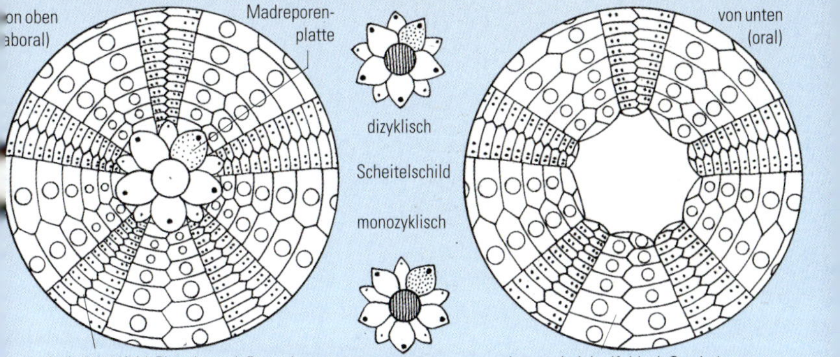

Regulärer Seeigel

Die Unterklasse ***Perischoechinoidea*** umfasst alle auf das Paläozoikum beschränkten Regulären Seeigel und außerdem die bis zur Gegenwart reichenden **Cidariden**.

Die Seeigel der 3 folgenden, rein paläozoischen Ordnungen sind fossil seltener anzutreffen:
Bothriocidarida – Ordovizium bis Silur – mit starrem, bis zu 1 cm großem Gehäuse;
Palaechinida – Silur bis Perm – mit starrer, kugeliger, rippenartig geprägter Skelettkapsel und
Echinocystida – Ordovizium bis Perm – mit flexibler Skelettkapsel und dünnen, dachziegelartig aufgebauten Platten.

Die Seeigel der Ordnung ***Cidarida*** – Silur bis Gegenwart – besitzen erst seit der Trias ein starres Gehäuse, oben und unten abgeflacht mit schmalen Ambulakralzonen. Wenige große, fünfeckige Interambulakralplatten sind alternierend angeordnet und haben einen großen Warzenhof und kräftige, skulptierte Stacheln.

Die für die Gattungen typischen Stacheln kommen fossil im Jura häufig vor, während die Seeigelgehäuse seltener gut erhalten bleiben. Die hier gezeigten Fundstücke blieben im Kalksediment durch Kieselsäure stabilisiert und konnten mit Salzsäure freigelegt werden.

Lepidocentrus mülleri (Skelettplatten bis 8 mm), Devon, Prümer Mulde, Eifel, D. Typischer Fund eines paläozoischen Seeigels der Ordnung *Echinocystida* mit flexibler, hier aufgelöster Kapsel und dachziegelartig angeordneten Platten. Die Stacheln waren einfach fein gestreift.

Diplocidaris gigantea (6,5 cm), Jura-Tithon, Rotensohl, D, mit stabförmigen, verjüngt zulaufenden Primärstacheln und schwach gewellten, schmalen Ambulakralzonen.

1 ***Rhabdocidaris princeps*** *(10 cm), Jura-Tithon, Rotensohl, D, mit dem pyramidenförmigen Kauapparat (»Laterne des Aristoteles«). Die breitovalen Warzenhöfe grenzen aneinander.*
2 ***Rhabdocidaris nobilis*** *(9 cm), Jura-Tithon, Rotensohl, D, mit Resten vom Kauapparat und den typischen, stab- und spatelförmigen Stacheln, die bis über 30 cm Länge erreichen können.*
3 ***Plegiocidaris cervicalis*** *(4,5 cm), Jura-Tithon, Rotensohl, D, mit danebenliegenden, in Längsreihen gekörnelten Primärstacheln.*
4 ***Plegiocidaris coronata*** *(4 cm), Oberjura, Heidenheim, D, mit durchbohrten Stachelwarzen.*

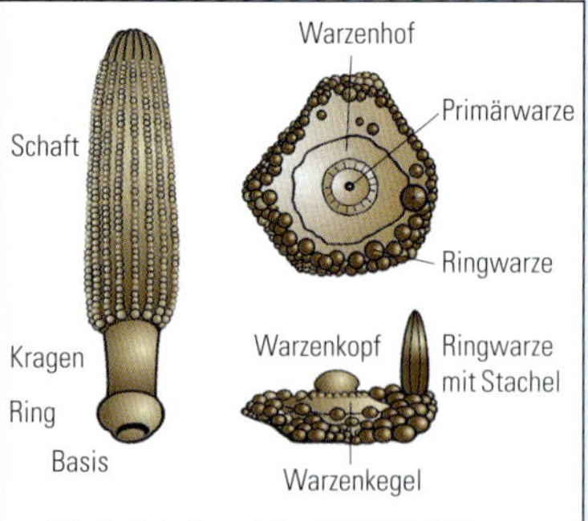

Primärstachel **Interambulakralplatte**
vom Seeigel *Plegiocidaris coronata*

1

2

3

4

Die Unterklasse ***Euechinoidea*** – Trias bis Gegenwart – umfasst die fortschrittlicheren Seeigel. Vom Jura an entfalten sie sich vielgestaltig bis heute. Sie besitzen alle ein starres Gehäuse und jeweils 2 alternierend gestellte Plattenreihen in der Ambulakral- und in der Interambulakralzone, wodurch sich dort Zickzacklinien bilden.

Beispiele von Seeigeln aus den **4 Überordnungen** geben einen Querschnitt:

Diadematoidea – Trias bis Gegenwart –,
Echinoidea – Trias bis Gegenwart –,
Gnatostomata – Jura bis Gegenwart – und
Atelostomata – Jura bis Gegenwart.

Bei den ***Diadematoidea*** sind die Skelettplatten fest verbunden oder dachziegelartig angeordnet. Ihre dünnen, langen, oft nadelförmigen Stacheln besitzen eine hohle Achse und zeigen außen eine feine Streifung.

Diademopsis crinifera (7 mm), Jura-Toarc, Holzmaden, D, mit verdrückten Gehäusen und langen, nadelartigen Stacheln, die in manchen Ölschieferschichten pyritisiert erhalten sind.

1 ***Pedina*** *(4 cm), Oberjura, Novion, Frankreich. Besitzt meist ein dünnwandiges Gehäuse mit flacher Unterseite und mäßig aufgewölbter Oberseite. Die Ambulakralzonen bestehen aus dreiteiligen Platten.*

Die Seeigel der Überordnung ***Echinoidea*** entfalten sich vielgestaltiger. Breitere Ambulakren können Großplatten mit bis zu 6 Primärplättchen enthalten. Die Porenreihen werden mehrzeilig. Die spitzen Stacheln sind oft gestreift.

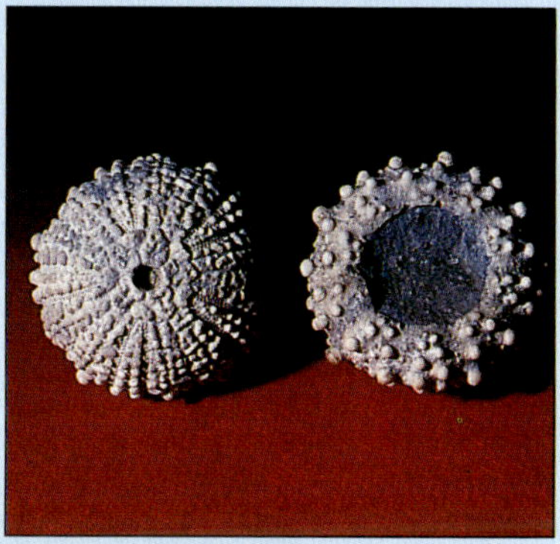

Glypticus hieroglyphicus (2 cm), Jura-Oxford, Fringeli, Schweiz, mit bis zum Scheitelschild entwickelten Warzen und unregelmäßigen, wulstartigen (»hieroglyphenartigen«) Ausbildungen auf den Interambulakren.

◁ ***Magnosia decorata*** (8 mm), Jura-Oxford, Blumberg, D, mit zum Scheitel hin abflachenden Stachelwarzen und sehr schmalen Ambulakralfeldern.

2 ***Phymosoma*** *(3 cm), Kreide-Maastricht, Dalbyover, Dänemark. Ein unten und oben abgeflachter Seeigel, hier im Feuerstein stabilisiert.*

3 ***Hemicidaris luciensis*** *(Kapseln bis 1,5 cm), Mitteljura, Luc-sur-Mer, Frankreich. Hier mit ihren relativ großen Stacheln und einigen Seelilienresten eingebettet.*

4 ***Phymechinus mirabilis*** *(4 cm), Oberjura, Novion, Frankreich. Ein Seeigel mit großem Gehäuse, Porenpaaren in 2 senkrechten Reihen und mehr als dreiteilig zusammengesetzten Ambulakralplatten.*

1

2

3

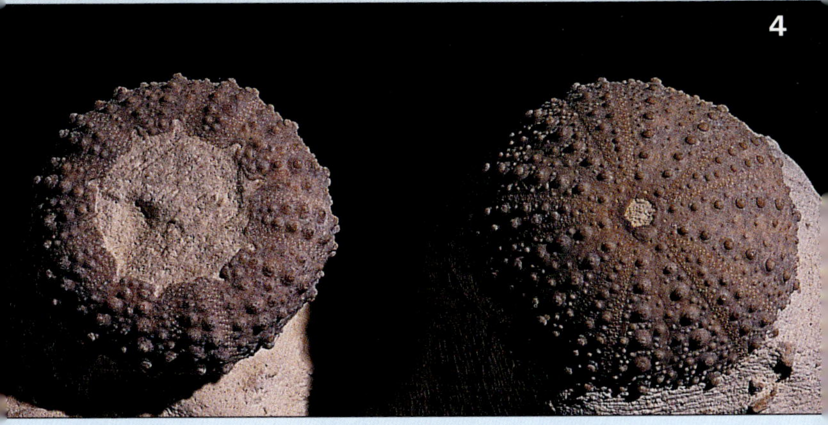
4

In den verbleibenden beiden Überordnungen der Seeigel werden die **Irregulären Seeigel** zusammengefasst: ***Gnatostomata*** (mit Kiefergerüst) und ***Atelostomata*** (ohne Kiefergerüst).

Bei den Irregulären Seeigeln wird deren fünfstrahlige Radialsymmetrie bilateral überprägt: das Afterschild (Periprokt) verlagert sich in eine der Ambulakralzonen zum Hinterrand hin und sogar auf die Unterseite. Die Ambulakralporen können sich im Bereich des Scheitelschildes schlitzförmig verlängern und dort blütenartige Ambulakren, die Petalodien, bilden. Ähnliche Umbildungen können auch im Bereich des Afterfelds als Phyllodien auftreten.

Die gnathostomaten Irregulären Seeigel gliedern sich in die beiden Ordnungen ***Holectypida*** (Jura bis Tertiär) und ***Clypeasterida*** (Tertiär bis heute).

Die ***Holectypida*** besitzen noch Radialsymmetrie mit einfachen, schmalen, bandförmigen Ambulakren. Die Unterseite ist flach, die Oberseite mehr oder weniger stark aufgewölbt. Der Periprokt liegt am oder sogar unter dem Hinterrand. Die kleinen, nadeligen Primärstacheln weisen keinen Stachelhals auf.

Conulus subrotundus (3 cm), Kreide-Turon, Wüllen, D. Sehr hoch, kegelig gewölbt mit elliptischem Periprokt am unteren Hinterrand.

1 ***Holectypus depressus*** *(3 cm), Jura-Callov, Hauenstein, Schweiz, mit kleinem, rundem, mäßig gewölbtem Gehäuse und großem, tropfenartigem Periprokt am Rand der Unterseite.*

Die ***Clypeasterida*** besitzen ein sehr flaches Gehäuse mit petaloiden Ambulakren auf der Oberseite. Einige Formen bilden Einschnitte aus oder durch den Seeigel hindurchgehende Perforationen (Lunulae).

Rotuloidea fimbriata (3 cm), Tertiär-Miozän, Saft, Marokko, besitzt am Rand fingerförmige Loben und nach außen offene Petalodien.

2 ***Clypeaster portentosus*** *(12 cm), Tertiär-Mio-*
3 *zän, Logudoro, Sardinien, Italien, mit typisch fünfeckigem, in den ausgeprägten Petalodien oben aufgewölbtem Gehäuse. Das Peristom liegt in einem durch Nahrungsfurchen vertieften Trichter in der Mitte, der kleine, runde Periprokt am Rand der flachen Unterseite.*

4 ***Dendraster gibsii*** *(5 cm), Tertiär-Pliozän, Kettleman Hills, Kalifornien, USA. Bei diesem Seeigel verlagert sich das Apikalschild nach hinten. Dadurch entstehen Petalodien von unterschiedlicher Länge.*

5 ***Encope tamiamensis*** *(6,5 cm), Tertiär-Miozän, Ochopee, Florida, USA, mit scheibenförmigem Gehäuse, Randeinbuchtungen und einer großen Perforation zwischen den verlängerten Petalodien.*

1

2

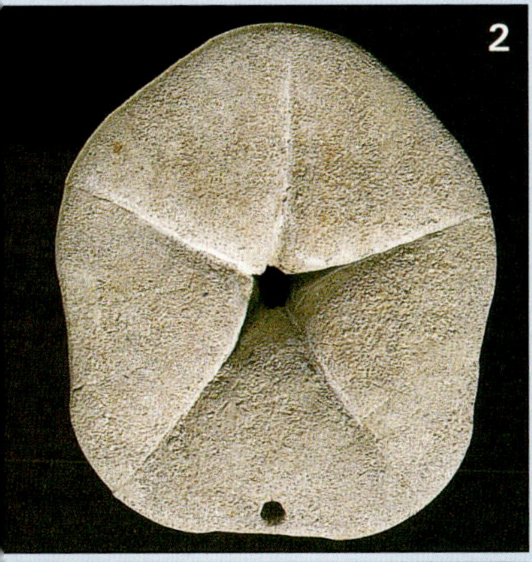

3

4

5

Die atelostomaten Irregulären Seeigel (ohne Kiefergerüst) gliedern sich in die 3 Ordnungen ***Cassidulida*** (Tertiär bis heute), ***Holasterida*** (Jura bis heute) und ***Spatangida*** (Kreide bis heute).
Die ***Cassidulida*** entwickeln sehr unterschiedliche Formen mit Petalodien auf der Oberseite und Phyllodien mit blütenförmiger Struktur (Floscellen) auf der Unterseite.

1 ***Nucleolites hugi*** *(3 cm), Jura-Bathon, Anwil, Schweiz, mit trapezförmigem, mäßig aufgewölbtem Gehäuse, etwas verbreiterten Petalodien und dem Periprokt am hinteren Rand.*

2 ***Clypeus plotii*** *(13 cm), Mitteljura, Burton-on-the-Water, England, mit relativ großem, rundem Gehäuse, deutlichen Petalodien und dem Periprokt am Ende einer tiefen Furche zum Hinterrand. Um das Peristom auf der Unterseite befinden sich Floscellen.*

Die in der Kreide formenreichen ***Holasterida*** haben meist ovale bis herzförmige, hochgewölbte Gehäuse mit einfachen oder schwach petaloiden Ambulakren, von denen die beiden hinteren vom Scheitelschild entfernt liegen können. Das Peristom auf der Unterseite ist oft nach vorn verlagert.

3 ***Echinocorys vulgaris*** *(8 cm), Kreide-Campan, Höver, Hannover, D. Hier noch im feinen Cocolithenkalk eingebettet. Das Gehäuse ist oval und fast konisch hochgewölbt, seine Oberfläche mit kleinen Stachelwarzen bedeckt. Das Periprokt auf der Unterseite liegt am Hinterrand. Die Art kann fossil häufig vorkommen.*

4 ***Echinocorys sulcata*** *(6 cm), Tertiär-Paläozän-Dan, Dalbyover, Dänemark. Als »Flintseeigel« im Feuerstein, der ebenfalls von den festgebackenen Schlammkalken freipräpariert wurde.*

Die ***Spatangida*** mit meist herzförmigen Gehäusen und vertieften Petalodien besitzen ein weit vorn liegendes, querovales Peristom und eine vom hinteren Interambulacrum gebildete Lippe. Spezielles Merkmal sind die Fasciolen (schmale, geschwungene, stachelfreie Bänder auf der Oberfläche der Seeigel).

Micraster (6,5 cm), Kreide-Campan, Höver, D. Typisch für diese Seeigel sind eine flache Furche vom Scheitel zum Vorderrand, etwa gleichlange Petalodien sowie die Lage des Periprokts am oberen Hinterende mit Fasciole darunter.

◁ ***Collerites carinata*** (4,5 cm), Jura-Kimmeridge, Geisingen, D. Hier noch in hartem Kalkstein eingeschlossen mit geteilter Scheitelregion. Das hier sichtbare Periprokt liegt am Hinterrand.

5 ***Schizaster canaliferus*** *(5 cm), Tertiär-Miozän, Murcia, Spanien, mit 2 stark verkürzten hinteren Petalodien.*

6 ***Spatangus purpureus*** *(10 cm), Quartär-Pleistozän, Insel Lefkas, Griechenland. Zwischen den vertieften Petalodien liegen einige größere Stachelwarzen.*

1

2

3

4

5

6

Stamm Chordatiere *(Chordata)*

Von den durch ein stabförmiges, in der Länge des Körpers rückseitig liegendes Innenskelett (Chorda dorsalis) gekennzeichneten Chordatieren sind fossil nur die **Wirbeltiere** bedeutend.

Unterstamm Wirbeltiere *(Vertebrata)*

Die ältesten Wirbeltierreste stammen aus dem Kambrium (z.B. *Pikaia*, ⇨Ausfalttafel, Nr. 08). Die **Wirbeltiere** bilden meist ein Innenskelett aus knöchernen Wirbelkörpern aus. Für den Fossilienfreund sind nur die **Fische** wichtig, denn das Bergen und Präparieren von Vierfüßern, also **Lurche** (Devon bis heute), **Kriechtiere** (Karbon bis heute), **Vögel** (Jura bis heute) und **Säugetiere** (Trias bis heute), überfordert ihn meistens. Zudem sind solche Funde fast immer meldepflichtig.

Klasse Kieferlose Fische *(Agnatha)*

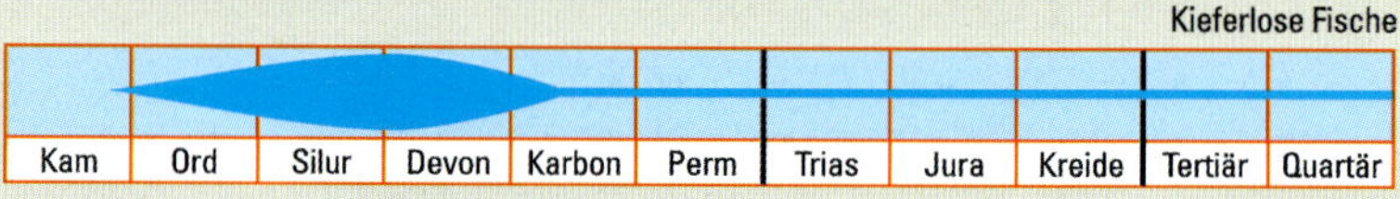

Die noch ohne knöchernes Innenskelett und mit einem runden, kieferlosen Saugmaul ausgestatteten **Kieferlosen** sind heute nur noch durch die zu den **Rundmäulern** *(Cyclostomata)* zählenden **Neunaugen** und **Schleimfische** vertreten. Die vom Kambrium bis zum Devon weltweit verbreiteten Kieferlosen Fische besitzen ein knöchernes Hautskelett.

Unterklasse *Cephalaspidomorpha*

Neben den **rezenten Rundmäulern** nimmt diese Unterklasse der Kieferlosen die fossil aus dem Silur und Devon bekannten, kleinen, aber auch bis zu 50 cm großen ***Osteostraci*** auf, die einen aus Hautknochen (mit echten Knochenzellen) gebildeten, von Zähnchen bedeckten Kopf-Brust-Panzer haben. Der hintere Rumpfteil und die Flossen sind mit Knochenschuppen bedeckt. Auf der Unterseite des Vorderteils befindet sich ein großes, rundes Saugmaul. Die Augen liegen auf der vorderen Oberseite eng nebeneinander.

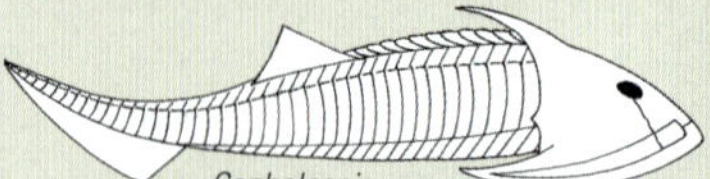

Cephalaspis

Als dritte Ordnung gehören hierher aus dem Silur und Devon die etwa 20 cm großen ***Anaspida*** *(Birkeniae)* mit spindelförmigem, mit schmalen Knochenplatten belegtem Körper, die anstelle der Brustflossen Stacheln besaßen.

Birkenia elegans (8 cm), Devon, Schottland.

Unterklasse *Pteraspidomorpha*

Kieferlose Fische mit Panzern ohne Knochenzellen (Aspidin-Platten), die bei den ***Heterostraci*** (Oberkambrium bis Devon) mit flachen Hautzähnen belegt sind.

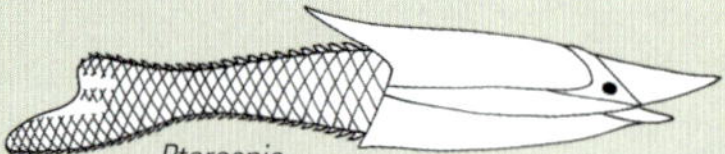

Pteraspis

1 ***Gyroptychius agassizi*** *(35 cm), Devon, Orkneys, Großbritannien. Ein Fleischflosser mit Rücken- u. Bauchflossen hinten und bezahntem Kiefer.*

1

Klasse Panzerfische *(Placodermi)*

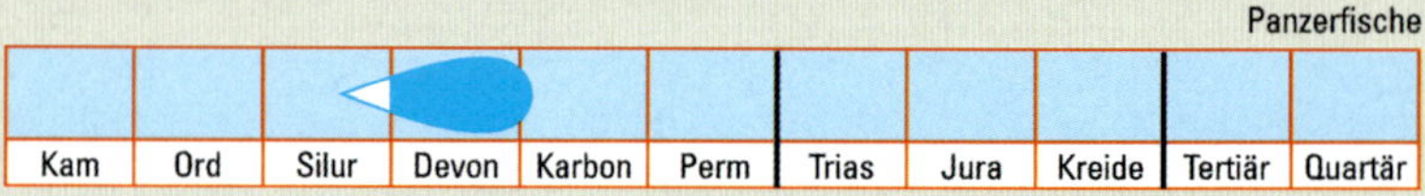

Ende Silur beginnend, entwickelten sich die mit gelenkig verbundenen Kopf- und Brustpanzern (mit echtem Knochengewebe) und nach hinten spitz zulaufendem Körper ausgestatteten **Panzerfische** im Devon formenreich, zunächst im Süßwasser und später auch marin. Mehr als zwei Drittel aller Panzerfische sind in der Ordnung ***Arthrodira*** zusammengefasst. Sie besitzen knöcherne, gelenkige Flossenstacheln und im großen Kopfabschnitt (bis 60 cm) kräftige Kiefer mit zahnartigen Vorsprüngen. Die relativ kleinen, weltweit verbreiteten **Antiarchi** mit kurzem Hinterrumpf und sehr langem Kopf-Brust-Panzer tragen mit Knochenplättchen bedeckte Seitenorgane (Arthropterygien), die keine Brustflossen sind.

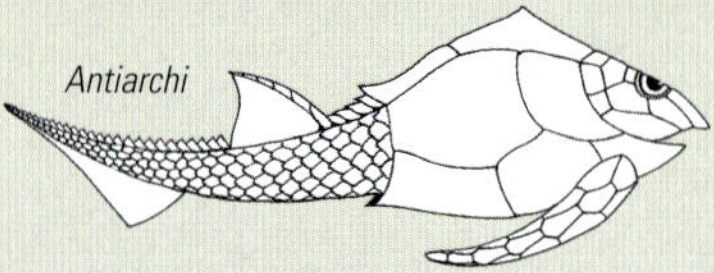

1 ***Panzerfisch Perichthyodes milleri*** *(21 cm), Devon, Caithness/Achanarras, Schottland, mit mächtigem Knochenpanzer und den beiden Vorderextremitäten, die zur Fortbewegung im Schlamm der Süßwasserseen benutzt wurden.*

Klasse Knorpelfische *(Chondrichthyes)*

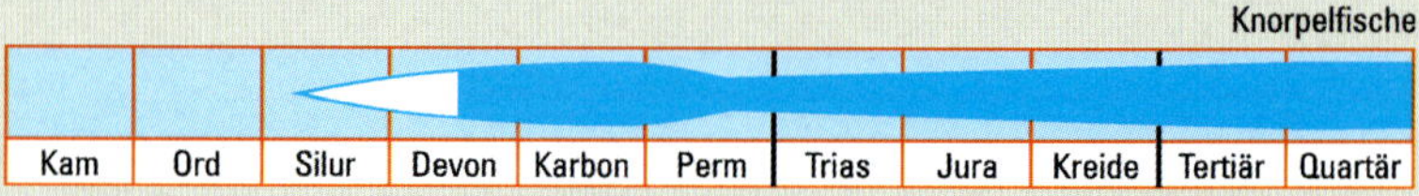

Zu dieser Klasse zählen die seit dem Devon zunehmend formenreich bis heute auftretenden **Haie** und die seit dem Jura bekannten **Rochen**. Als Fossilien bleiben meist nur ihre Zähne, Wirbel, Hautzähnchen (Placoidschuppen) und ihre Kopf- und Flossenstacheln übrig.

Zu den **Knorpelfischen** gehören auch die fossil seltenen, Muscheln fressenden **Seedrachen** = **Chimären** *(Holocephali)* – Devon bis heute.
Die Knorpelfische bilden eine eigenständige Gruppe fischähnlicher Wirbeltiere mit einem knorpeligen Skelett und einer Wirbelsäule aus kreisförmigen, oft verkalkten Wirbeln mit konkaven Vorder- und Hinterseiten.

2 ***Xenacanthus (Triodus) sessilis*** *(40 cm), Perm, Rotliegendes, Odernheim, D. Ein primitiver Süßwasserhai, der hinter dem Kopf einen großen, auf der Rückseite mit 2 Zähnchenreihen besetzten Dentinstachel trägt. Die anschließend beginnende Rückenflosse verläuft bis zum Schwanz. Die gegliederten Vorderflossen enden in einem Flossenstrahlenbogen.*

◁ **Hai-Wirbel** von ***Isurus*** (6 cm), Tertiär-Miozän, Baltringen, Biberach, D. Mit Kalkeinlagerungen in konzentrischen Ringen (tectispondyler Wirbel).

Xenacanthus

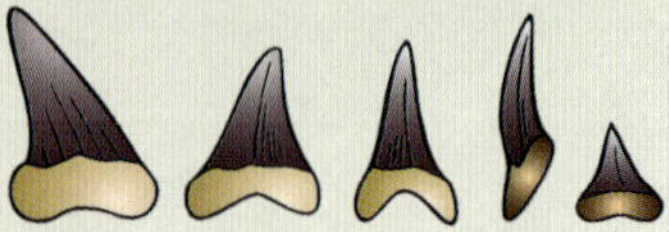

Haizähne von *Isurus*
größer dreieckige Zähne

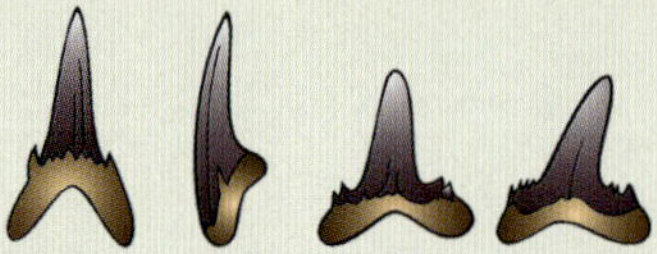

Haizähne von *Odontaspis*
an der Basis oft Nebenspitzen

Die ältesten **Haie** *(Selachii)*, wie z.B. *Xenacanthus* (⇨S.159), besitzen noch einfache Kiefer mit spitzen Vorder- und abgeplatteten Hinterzähnen.

Hexanchus primigenius (bis 3cm), Tertiär-Oligozän, Weinheim, D.

Seit dem Oberjura treten die **modernen Haie** mit verbessertem Kiefersystem auf. Sie besitzen bis zu 10 Zahnreihen hintereinander und stoßen ihre vorderen Zahnreihen periodisch ab. Dadurch produzieren sie eine enorme Anzahl Zähne, die dank ihres speziellen Zahnschmelzes (Vitrodentin) fossil bestens erhalten bleiben. Sie zählen in tertiären Meeresablagerungen zu den häufigsten Funden.

Hai-Hautzahn (1,5 cm), Tertiär-Eozän, Balegem, Belgien. Diese Placoidschuppen aus Dentin mit einer knöchernen Basis geben den meisten Haien auch heute noch eine raue Haut.

Viele der flachen, ohne Schwanzflosse, aber mit flügelartigen Brustflossen ausgestatteten Rochen *(Batoidea)* fressen Muscheln und besitzen dafür große, geriefte, flache Kauplatten.

Rochen-Kauplatten (bis 4 cm), aus dem Tertiär-Eozän, Balegem, Belgien, und Miozän, Passau, D (r).

Aufschluss der Meeresmolasse in Oberschwaben: Gefahren für Haizahn-Sammler (lockerer Sandstein).

1 *Wie mit feinster Kreide gezeichnet: ein fossiler* ***Jungfisch*** *(2 x 2,5 cm), Perm-Rotliegendes, Kaulbach, D. Etwa 280 Millionen Jahre alt.*
2 ***Isurus xiphodon*** *(2,5 cm), Tertiär-Miozän, Ursendorf, Oberschwaben, D.*
3 ***Procarcharodon angustidens*** *(10 x 7 cm), Tertiär-Oligozän, Eckelsheim, Rheinhessen, D.*

1

2

3

Klasse »Stachelhaie« *(Acanthodii)*

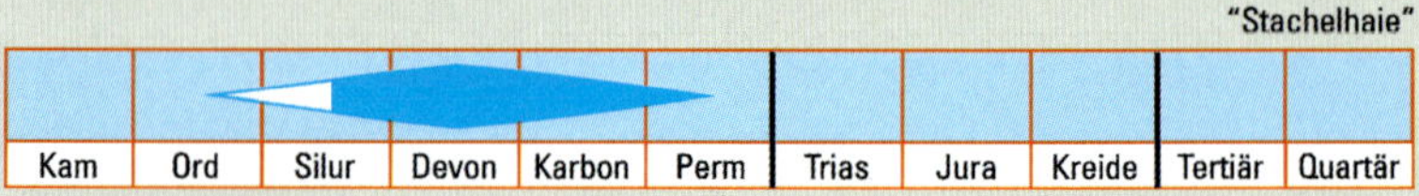

Die vom Silur bis zum Perm nachgewiesenen »**Stachelhaie**« unterscheiden sich von den Haien durch ein teilweise knöchernes Innenskelett, durch eine Schädelkapsel aus Knochenplatten und durch ihre diagonal geordneten, rhombischen, mit einer Schmelzschicht bedeckten Schuppen.
Man betrachtet sie als Vorfahren der echten Fische und ordnet sie deshalb auch bei den Knochenfischen ein, obwohl ihnen paarige Flossen fehlen. Sie besitzen dafür seitlich und an den Rückenflossen kräftige Flossenstacheln, die häufig fossil erhalten bleiben. Ihre Fossilien werden auch in Süßwasserablagerungen gefunden.

1 ***Acanthodes bronni*** *(20 cm), Perm-Rotliegendes, Odernheim, D.*

◁ Flossenstachel eines »Stachelhais« der Gattung ***Listracanthus*** (7 cm), Karbon, Montana, USA.

Klasse Knochenfische *(Osteichthyes)*

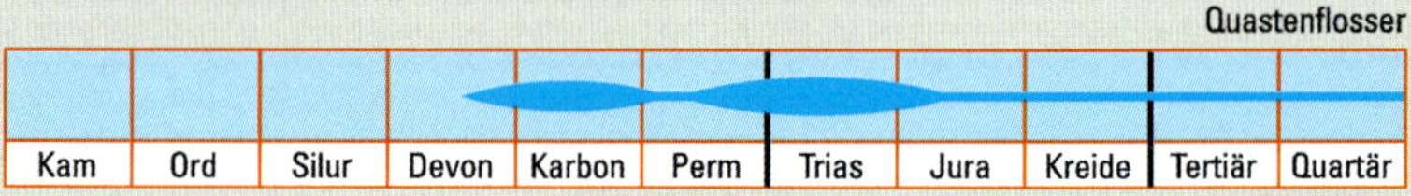

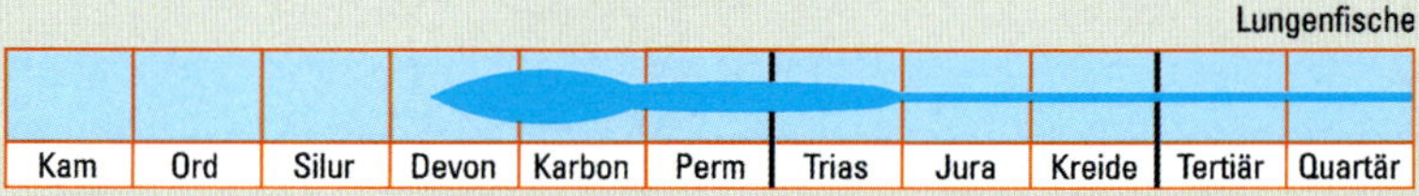

Die seit Ende Silur bekannten **Knochenfische**, mit geschlossenem Schuppenkleid und meist verknöchertem Innenskelett, haben von Knochenplatten gestützte Kiemendeckel (Operculum).

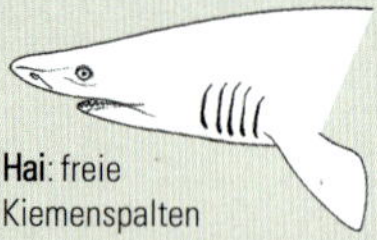

Hai: freie Kiemenspalten

Echter Fisch: Kiemendeckel

Unterklasse Fleischflosser *(Sarcopterygii)*
Diese Unterklasse fasst die seit dem Devon nachgewiesenen **Quastenflosser** und **Lungenfische** zusammen. Ihre paarigen Flossen besitzen ein langgestrecktes Innenskelett (Endoskelett) mit fleischigem, beschupptem Anfangsteil.

Ordnung Quastenflosser *(Crossopterygii)*
Die im Süßwasser verbreiteten Quastenflosser besitzen paarige Quastenflossen mit verlängerter Skelettachse und zweizeilige Flossenstrahlen. Sie gelten als Vorfahren der Vierfüßer.

2 ***Quastenflosser Osteolepis macrolepidotus*** *(10 cm), Devon, Orkney, Schottland, Großbrit.*

Ordnung Lungenfische *(Dipnoi)*
Die mit Kiemen und Lungen ausgerüsteten Lungenfische besitzen auch Quastenflossen. Ihre Kauplatten mit radialen, gerundeten oder höckerigen Kanten sind ihre häufigeren Fossilien. Heute leben nur noch Vertreter von 3 Gattungen.

3 ***Lungenfisch Dipterus valenciennesi*** *(16 cm), Devon, Caithness, Schottland, Großbritannien.*

1

2

3

Unterklasse Strahlenflosser *(Actinopterygii)*

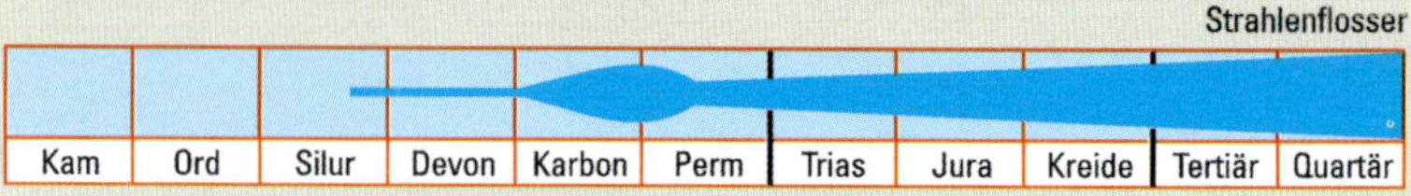

Die Ende Silur und im Devon seltenen, ab Karbon zahlreichen und formenreich verbreiteten **Strahlenflosser** schließen den größten Teil der rezenten Fische ein. Ihre Aufgliederung erfolgt heute unterschiedlich. Traditionell unterteilt man sie in ***Chondrostei, Holostei*** und ***Teleostei***. Wegen gleichartiger Merkmale der Flossen und fehlender Ganoidschuppen werden die ***Holostei*** und ***Teleostei*** auch als ***Neopterygii*** zusammengefasst.

Infraklasse *Chondrostei*

Hier sind primitive Strahlenflosser mit vorwiegend knorpeligem Innenskelett zusammengefasst, zu denen heute die Störe gehören. Seit dem Obersilur (im Karbon und Perm reich entfaltet) treten ihre Vorfahren, die **Palaeonisciden**, mit normal verknöchertem Innenskelett, heterozerker Schwanzflosse und viereckigen, längs und diagonal aufgereihten Ganoidschuppen auf.

Platysomus (16 cm), Perm, Richelsdorf, D.

Schwanzflossen

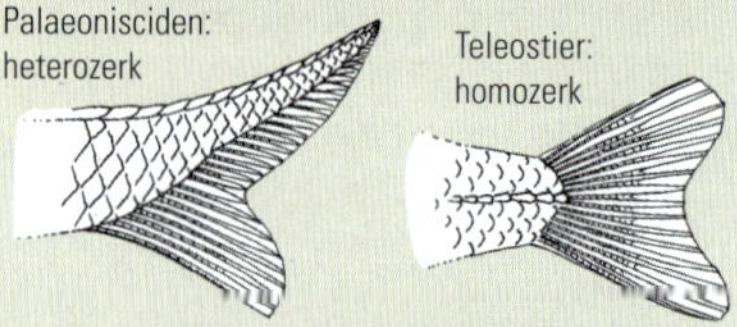

Infraklasse *Holostei*

Hier sind die im Trias und Jura weit verbreiteten und heute noch vertretenen Strahlenflosser eingeordnet. Sie besitzen eine fast symmetrische Schwanzflosse und Ganoidschuppen, denen die Mittelschicht (Cosmin) zwischen unterer Knochenlage und Ganoidschicht fehlt.

1 ***Amia kehreri*** *(25 cm), Tertiär-Eozän, Messel, D. Ein in Messel sehr häufig vorkommender Süßwasser-Raubfisch mit typischer verbreiterter, äußerlich fast homozerker Schwanzflosse, die hier den verkürzten, oben liegenden Endabschnitt der Wirbelsäule zeigt. Vertreter der Gattung Amia mit zur Luftatmung geeigneter Schwimmblase leben noch heute.*

2 ***Pleuropholis*** *(10 cm), Jura-Tithon, Eichstätt, D. Seltener Vertreter der Holostei mit außergewöhnlichem Schuppenpanzer (an den Seiten lange, durchgehende, sonst viereckige Schuppen). Hier mit braunen Eisenoxid-Dendriten.*

Infraklasse *Teleostei*

Diese »**Modernen Fische**« (seit Oberjura) besitzen eine von Flossenstrahlen gebildete (homozerke) Schwanzflosse, ein verknöchertes Innenskelett und dachziegelartig übereinander greifende Schuppen aus Kalklamellen ohne Ganoidschicht.

3 *Wolfsbarsch* ***Morone*** *(5 cm), Tertiär-Miozän, Dexheim, D, Jungfisch mit* ***Ohrsteinen***.

Die **Ohr**- oder **Gehörsteine** (Otolithen) in ihrem entsprechenden Organ (Labyrinth) ermöglichen den höheren Fischen (älteste Funde aus dem Perm) Töne wahrzunehmen und ihr Gleichgewicht zu regeln. Sie besitzen auf jeder Seite 3 Otolithen, einen größeren (Sagitta) und 2 kleinere (Asteriscus, Lapillus). Fossil dienen diese Ohrsteine der Artbestimmung.

1

2

3

Vierfüßer *(Tetrapoden)*

Nur durch einen tiefgreifenden Wandel im Gesamtorganismus schaffen die Wirbeltiere den wichtigen Schritt aus dem Wasser zum Leben auf dem Land.
Kiemenbogengefäße passen sich der Lungenatmung an und das Skelett entwickelt bei den **Vierfüßern** feste Verbindungen von den Gliedmaßen zu der dadurch viergeteilten Wirbelsäule (Hals, Rumpf, Becken, Schwanz). Die **Lurche** vollziehen diese Umwandlung in jeder Generation.

Die überwiegend auf dem Lande lebenden **Vierfüßer** hinterlassen als Fossilien meist nur Knochen oder Zähne, deren Bestimmung Wissen über die Anatomie voraussetzt.
Vollständige, gut erhaltene Skelette kommen seltener vor und sind in den meisten Ländern meldepflichtig. Sie müssen von Geologen und deren Fachpersonal aufwändig ausgegraben, geborgen, präpariert und montiert werden, bevor sie in den Museen die Besucher beeindrucken.

Klasse Lurche *(Amphibia)*

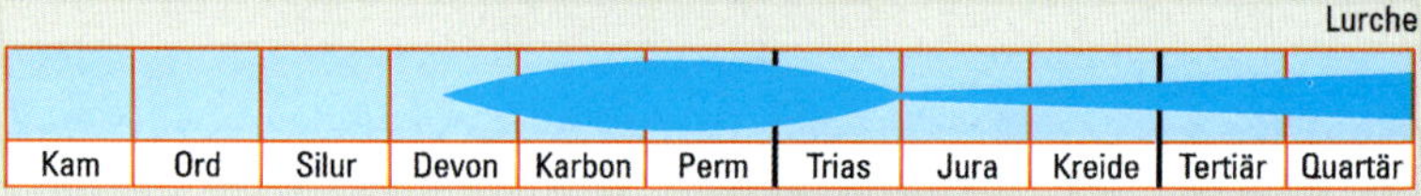

Die seit dem Oberdevon bis heute (z.B. Frösche, Salamander) vorkommenden **Lurche** bilden mit kiemenatmender Larvenphase (»Kaulquappe«), einem breiten, flachen Schädel und kleinen Gliedmaßen die primitivste Gruppe der Vierfüßer.
Älteste Vertreter sind die noch mit Quastenflossermerkmalen ausgestatteten ***Ichthyostegalia*** aus dem Oberdevon. **Branchiosaurier** (Perm) und **Dachschädler** (*Stegocephali*, Trias) sind weitere Uramphibien, für deren Einteilung die Wirbel wichtig sind. Die modernen Amphibien (ab dem Jura) unterscheiden sich davon deutlich.

Micromelerpeton credneri (15 cm), Perm-Rotliegendes, Odernheim, D. Ein Uramphibium, bei dem die Körperumrisse erhalten blieben.

◁ **Branchiosaurier** (ca 6 cm), Perm-Rotliegendes, Odernheim, D. Unpräpariert im Tonschiefer.

1 ***Sclerocephalus haeuseri*** *(72 cm), Perm-Rotliegendes, St. Wendel, D. Ein Dachschädler mit geschlossenem, flachem, aus Knochenplatten gebildetem »stegalem« Schädel mit Nasen- und Augenöffnungen.*

1

Klasse Kriechtiere *(Reptilia)*

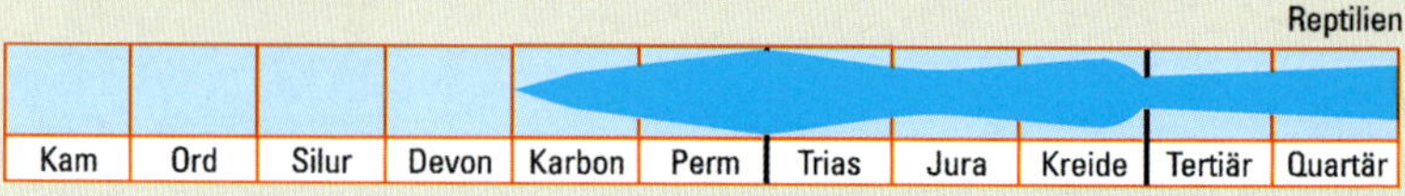

Schon im Karbon entstehen von den Lurchen abweichende Urformen der **Kriechtiere**, die sich durch Schläfendurchbrüche (Temporalöffnungen), durch kräftigere Extremitäten mit Schulter- und Beckengürtel, aber vor allem durch ihre dotterreichen Eier (aus denen das junge Reptil schlüpft) zu den Reptilien im engeren Sinn entwickeln. Sie besiedeln nun auch trockeneres Land. Mit ihnen beginnen die **Höheren Wirbeltiere** *(Amniota)*, die Kriechtiere, die Vögel und die Säugetiere, deren Embryos in einer Embryonalhülle heranwachsen. Mit ihrem Panzer spezialisierten sich die seit der Trias bekannten **Schildkröten** *(Testudinata)* und bildeten eine eigene Entwicklungslinie.

Erdschildkröte ***Geoemyda ptychogastroides*** (22 cm), Tertiär-Eozän, Geiseltal, D; mit Kopf.

Von den 17 Ordnungen der Kriechtiere, an deren Zusammenhängen noch geforscht wird, sind gegenwärtig nur noch 4 vertreten, nämlich **Schildkröten, Brückenechsen, Eidechsen/Schlangen** und **Krokodile**.

Mit den ***Thecodontia*** treten im Trias krokodilähnliche, aber auch kleine, mitunter zweifüßige (bipede), später auch vierfüßige (quadrupede) Vorläufer der modernen Wirbeltiere auf (*Chirotherien*-Fährten im Buntsandstein). Sie werden als Vorläufer der im Mesozoikum sich vielseitig entwickelnden und das Land beherrschenden **Dinosaurier** angesehen, die 2 Gruppen bilden:

1. Die ***Saurischia*** mit echsenartigem, dreistrahligem Becken, z.B. die Fleisch fressenden (carnivoren) Carnosaurier und der *Allosaurus*, aber auch alles fressende (omnivore) Saurier, wie z.B. *Plateosaurus* aus der Obertrias.

2. Die Pflanzen fressenden ***Ornithischia*** mit vogelartigem, vierstrahligem Becken (z.B. aus der Kreidezeit die Hadrosaurier, Ankylosaurier, Stegosaurier und die *Ceratopsia*).

Zu den Reptilien des Mesozoikums zählen auch die an das Wasser angepassten **Sauropterygier** mit Ruderpaddeln, kurzem Rumpf und oft überlangem Hals, z.B. die Nothosaurier (Trias) und die Plesiosaurier (Jura, Kreide).

Mit Schwanz- und Rückenflosse fast fischähnlich, sind die bis zu 15 m großen **Fischsaurier** *(Ichthyosauria)* vor allem im Jura weit verbreitet.

Mit gewaltiger Spannweite (*Pteranodon* bis 10 m, *Quetzalcoatlus* bis 12 m, beide Oberkreide) stellen die **Flugsaurier** *(Pterosauria)* im Mesozoikum die größten bekannten Flugtiere.

1 ***Fischsaurier Ichthyosaurus*** *(z.B. 2-3 m), Jura-Toarc, Holzmaden, D, noch im Ölschiefer eingebettet, im Naturkundemuseum Stuttgart, D.*

2 ***Dinosaurier Plateosaurus*** *(Schädellänge 35 cm), Trias, Trossingen, D, im Naturkundemuseum Stuttgart, D.*

3 *Saurier-Ei* ***Oolithus sphaeroides*** *(20 cm), Kreide, Henan, China.*

4 ***Flugsaurier-Knochen*** *(16 cm), Jura-Tithon, Daiting, D. Mit marklosem Hohlraum, ähnlich wie bei den Vögeln.*

5 ***Krokodil Diplocynodon*** *(Schädellänge 16 cm), Tertiär-Eozän, Geiseltal/Halle, D; alligatorähnlich (Ausschnitt).*

6 ***Riesenschlange Paleryx*** *(Kopf 4 cm), Tertiär-Eozän, Geiseltal/Halle, D. Die fossilisierte Schlange ist insgesamt 177cm lang.*

1
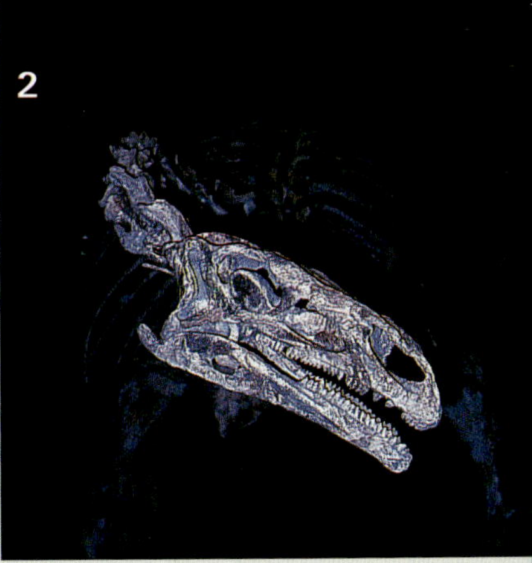
2

3

4

5

6

Klasse Vögel *(Aves)*

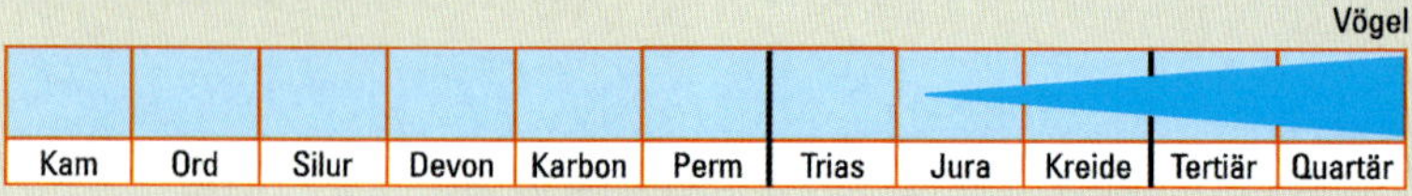

Mit den zum Fliegen und zum Wärmeschutz befiederten, aber sonst noch vorwiegend saurierähnlichen Zahnvögeln (Urvogel *Archaeopteryx* aus dem Plattenkalk von Solnhofen, D) erscheinen im Oberjura die ersten Hinweise auf **Vögel**. Die Fossilerhaltung dieser Tiere ist wegen ihrer geringen Größe, ihrer Lebensweise und der zerbrechlichen Knochen, die marklos sind und oft luftgefüllte Hohlräume enthalten (d.h. pneumatisch sind), sehr mangelhaft.
Die Zahnvögel sterben wie die Saurier zur Zeitenwende Kreide/Tertiär aus. Erste zahnlose, flugfähige Vögel (z.B. *Confuciusornis sanctus*) treten vor etwa 120 Millionen Jahren in der Unterkreide im Gebiet des heutigen Chinas auf.

Die rezenten Vogelarten *(Neognathae)* entwickeln sich erst im Jungtertiär und im Eiszeitalter (Pleistozän) des Quartärs. Gegen Ende des Pleistozäns gibt es mehr Vogelarten (ca. 10600) als heute (ca. 9000).

1 ***Vogel-Eischale** (4 cm), Tertiär-Miozän, Goldberg, Nördlinger Ries, D. Stammt vermutlich von einem Pelikan.*
2 ***Vogel-Kopf** (6 cm), Tertiär-Oligozän, Cereste, Frankreich. Der Vogel konnte sich wohl nicht mehr aus dem Kalkschlamm befreien und wurde bald in feinen Kalkschlamm eingebettet.*
3 ***Vogel-Feder** (3,5 cm), Tertiär-Oligozän, Cereste, Frankreich. Im Plattenkalk blieb auch diese Feder perfekt erhalten.*

Klasse Säugetiere *(Mammalia)*

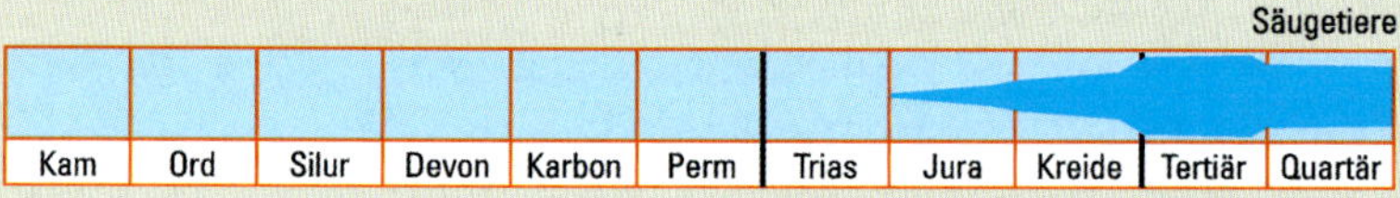

Die **Säugetiere** belegen zu Beginn der Erdneuzeit (Känozoikum) die von den Großsauriern frei gewordenen Lebensräume und entwickeln sich zu der heute vorherrschenden Klasse der Vierfüßer. Sie stammen von säugetierähnlichen Reptilien aus der Trias ab, den *Synapsida (Pelycosauria* und *Therapsida)* und sind Leitfossilien im Känozoikum. Ein mausgroßes Skelett eines Säugervorläufers *(Henkelotherium guimarotae)* aus dem Oberjura wurde 1976 in Portugal entdeckt (⇨Ausfalttafel). Aus China wird jetzt ein vergleichbarer, wohl noch etwas älterer Fund *(Eomaia scansoria)* gemeldet. Die widerstandsfähigen **Zähne** der Säugetiere sind häufige Fossilien. Vor allem deren mehrspitzige Backenzähne (mit differenzierten Kauflächen) ermöglichen wegen der unterschiedlichen Gebisse der verschiedenen Säugergruppen eine eindeutige Bestimmung. Der normal entwickelte, brachidonte Zahn kann nicht weiter wachsen.

Beim hypsodonten Zahn (Nagezähne der Nager, Backenzähne der Pferde und Wiederkäuer) bleibt die Zahnhöhle unten offen, damit er weiterwachsen kann. Durch Kauabnützung bildet sich ein typisches Schmelzfaltenmuster: Bei den Backenzähnen der **Unpaarhufer** (z.B. Nashörner, Tapire, Pferde) verlaufen die Schmelzfalten quer über die Kaufläche. Die Backenzähne der Pferde werden mit zusammenhängender Kaufläche hypsodont.

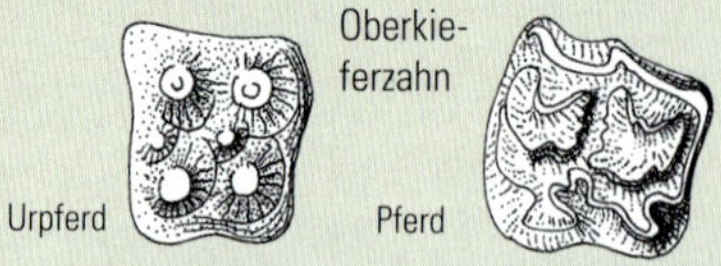

4 ***Urpferd Propalaeotherium voigti** (Schädel 15 cm), Tertiär-Eozän, Geiseltal/Halle, D. Gehört zu den Perissodactyla, Urformen von Pferden und tapirähnlichen Huftieren (ca. 40 x 75 cm groß).*

1

3

2

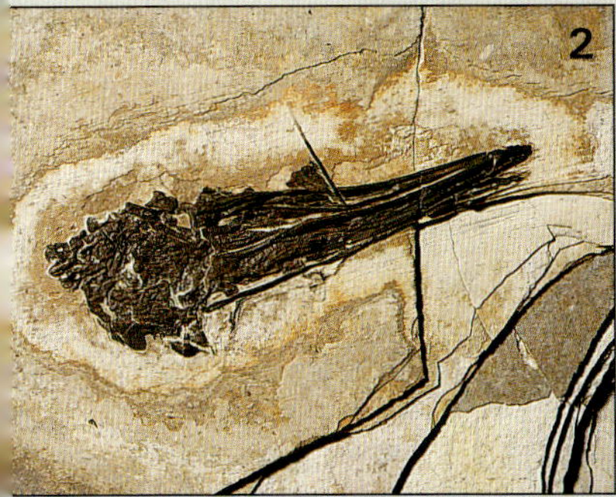

4

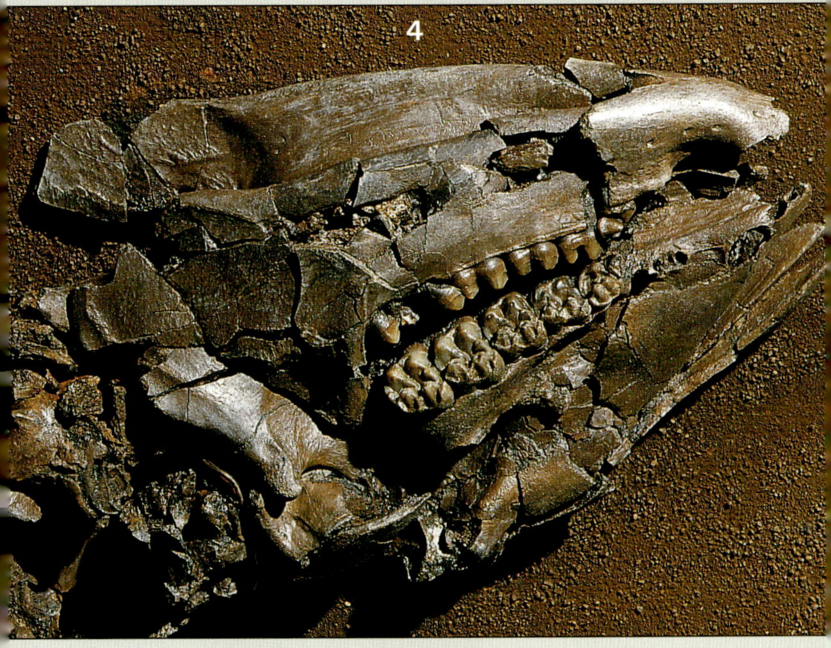

Die alttertiären Fundplätze für **Säugerreste** sind für die Forschung geschützt, weil sie wichtige, aufschlussreiche »Fenster« zur Entwicklungsgeschichte der sich gewaltig ausbreitenden Säugetiere darstellen.

Die **jungtertiäre und quartäre Säugerfauna** gleicht sich der heutigen an. Ihre Zähne können in Mitteleuropa vielfach gefunden werden. Aus Spaltenfüllungen und lehmhaltigen Ablagerungen in Höhlen lassen sich die kleinen, sechshöckerigen Backenzähne der **Insektenfresser** und die Backenzähne der **Nagetiere** (mit quergestellten Schmelzfalten) durch Ausschlämmen finden.

Pseudosciurus Hörnchen-Unterkiefer (3,5 cm), Tertiär-Oligozän, Ulm, D, aus einer Spaltenfüllung.

Die meist sechshöckerigen Backenzähne der **Raubtiere** (oft mit Abnützungsspuren an den Seiten der Höcker) sind seltener zu finden als die flächenhaft abgenutzten Backenzähne mit jeweils typischen Schmelzfaltenmustern der Pflanzen fressenden **Huftiere.**

Amphicyon Raubtierzahn (2,3 cm), Tertiär, Eggingen/Ulm, D. Von einem löwengroßen Raubtier.

Zu den seit dem Eozän verbreiteten **Paarhufern** zählen die allesfressenden Schweine mit bunodonten Backenzähnen (mit niedrigen, breit gerundeten Höckern). Bei den weiter entwickelten Paarhufern (z.B. Kamelen) sind die Backenzähne selenodont mit längsgestellten, schmalen, halbmondförmigen Schmelzfaltenmustern auf der abgekauten Zahnfläche.
Die **Wiederkäuer** (z.B. Giraffen, Antilopen, Rinder, Hirsche) haben hypsodonte Zähne (⇨S.170).

Palaeomeryx Kieferteil (6 cm), Tertiär, Ulm, D. Geweihlose Stammform der Hirsche und Giraffen.

Von den im Alttertiär erscheinenden und im Jungtertiär weltweit verbreiteten, oft riesigen **Rüsseltieren** bleiben häufiger neben ihren auffallenden Stoßzähnen die lophodonten, durch Querjoche typischen Backenzähne erhalten.
Die nur im Miozän lebenden **Deinotherien** mit 2-3 Querjochen auf den Backenzähnen besaßen im Unterkiefer ein Paar nach unten rückwärts gebogene Stoßzähne.
Die tertiären Vorfahren der Elefanten, die **Mastodonten**, haben im Ober- und Unterkiefer je ein Stoßzahnpaar und Backenzähne mit meist 3-4, seltener 6 Querjochen. Die **Elefanten** – ab dem Pliozän – besitzen Stoßzähne nur im Oberkiefer und große Backenzähne mit Querjochen.

Die Zähne von **Säugetieren** entdeckt man in jungtertiären und quartären Flussablagerungen. Zur genauen Artbestimmung braucht man entsprechende Spezialliteratur.
Die Bestimmung einzelner Knochenreste verlangt Fachwissen der Skelettanatomie.

1 *Kaufläche von **Mammut-Backenzahn** (18 cm), Quartär-Pleistozän, Hullern, Westfalen, D.*
2 *Zähne (2,5 cm) von **Listriodon,** einem Schweineartigen, Tertiär, Eggingen/Ulm, D, mit breitrunden Höckern.*
3 ***Deinotherium** Backenzahn (6 cm), Tertiär, Mainzer Becken, D, mit 2 Querjochen.*
4 ***Merycoidodon culbertsoni** (20 cm), Tertiär-Oligozän, Big Bad Lands, South Dakota, USA. Ein schweineähnliches Huftier mit langem Schwanz.*

1

2

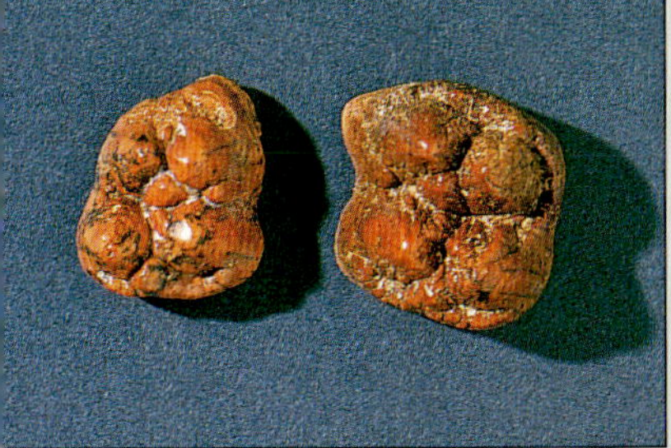

3

4

Pflanzen

Erst nachdem die **Pflanzen** Ende Silur dank ihres Stützgewebes in Richtung Festland vordringen und sich dort mit Wurzeln (für Nährsalze), Sprossen (zur Assimilation) und einem beide Teile verbindenden Gefäßsystem zu zunächst im Wasser lebenden Gefäßpflanzen entwickeln, beginnt deren eindeutige fossile Dokumentation.

1 ***Rothpletzella*-Algenhaufen** *(3,5 cm), Silur, Schweden.*

Reste **Höherer Pflanzen** (Gefäßpflanzen) können auf dem Lande nur bei schnellem Abschluss von Luftsauerstoff (z.B. im Moor, in Seen) oder in Trockengebieten (durch Verkieselung ihrer Hölzer) fossil erhalten bleiben . Günstigere Voraussetzungen bieten **Früchte** mit widerstandsfähiger Schale. Auch **Pollen** und **Sporen**, von einer stabileren Hülle geschützt, bleiben eher erhalten und können mikropaläontologisch untersucht werden.

Stamm Nackt-Pflanzen *(Psilopitha)*

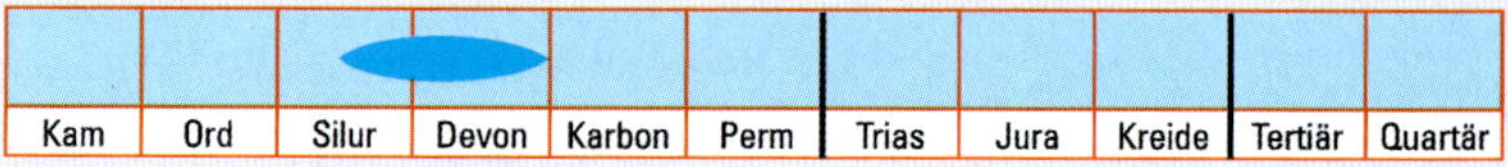

Vom Obersilur bis zum Ende des Devons wurzeln blattlose **Nackt-Pflanzen** im Wasser mit beschuppten oder glatten, einfachen oder gabelig verzweigten (dichotomen) Sprossen und endständigen Sporenkapseln (Sporangien). Sie besitzen bereits einfache Leitgefäßbündel.

2 **Psilophyt** *(10 cm), Devon, Eifel, D.*

Stamm Bärlapp-Pflanzen *(Lycophyta)*

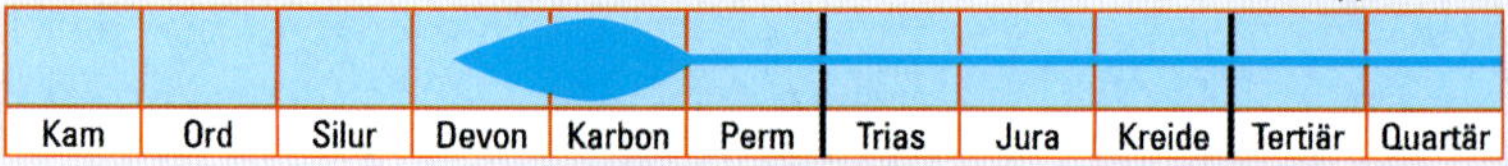

Die **Bärlappe** waren riesige (bis 35 m hohe, 2 m dicke), krautige Sumpfpflanzen, die zwar wie Bäume aussahen, aber vorwiegend von einer dicken Rinde getragen wurden. Wegen der flachen Wurzeln brachen sie im Wind leicht um.

Stammbruchstücke aus den Zwischenschichten der Kohlenflöze des Karbons, hauptsächlich vom **Schuppenbaum** *(Lepidodendron)* und vom **Siegelbaum** *(Sigillaria)*, sind typische Karbonfossilien von den Abraumhalden des Kohlebergbaus.

Die Baumkrone des Schuppenbaumes besteht aus gabelig (dichotom) verzweigten Ästen mit langen, schmalen Blättern und zapfenartigen Sporenbehältern.

Der baumhohe Spross der **Sigillarien** verzweigt sich nicht oder nur wenig und trägt oben eine buschige Krone aus langen, bandförmigen Blättern sowie ebenfalls zapfenförmige Sporangien.

In der rezenten Flora sind die Bärlappe nur noch durch kleine Krautgewächse vertreten.

3 ***Lepidodendron aculatum***, *Narben der Blattansätze (2,5 cm), Karbon-Westfal C, Ibbenbüren.*

4 **Siegelbaumrinde *Sigillaria*** *(Bildbreite 8 cm), Karbon-Westfal C, Ibbenbüren, D.*

◁ ***Lepidodendron*-Fruchtzapfen** (8 cm), Karbon-Stephan, Saarbrücken, D.

1

2

3

4

Stamm Schachtelhalm-Pflanzen *(Equisetophyta)*

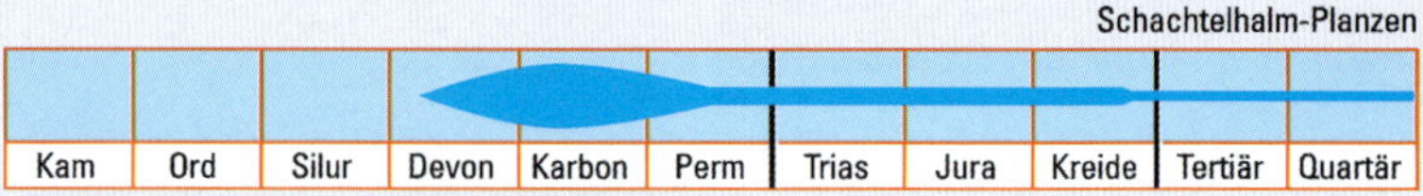

Annularia stellata (Zweig 10 cm), Karbon, Nassfeldpass, Österreich.

Sphenophyllum (1,5 cm), Karbon-Westfal D, Piesberg, Osnabrück, D.

Die seit dem Devon bekannten, bis zum Perm als baumgroße **Calamiten** reich entfalteten **Schachtelhalme** sind heute nur noch durch die Gattung *Equisetum* vertreten.
Die kleinen, schmalen Blätter der **Calamiten** sind um die Knoten von Stamm und Ästen angeordnet und bilden dort vielstrahlige Blattquirle (bei *Annularia*) oder 6-9 nach außen keilförmige Blätter (bei *Sphenophyllum*).

1 *Steinkern **Calamites** (Breite 10 cm), Karbon-Westfal C, Ibbenbüren, D. Markhohlraum mit Längsstreifung der Leitbündelgefäße.*

2 ***Schachtelhalm Asterophyllites equisetiformis*** *(Seitenzweige 18 cm), Perm, Odernheim, D.*

Stamm Farn-Pflanzen *(Filicophyta)*

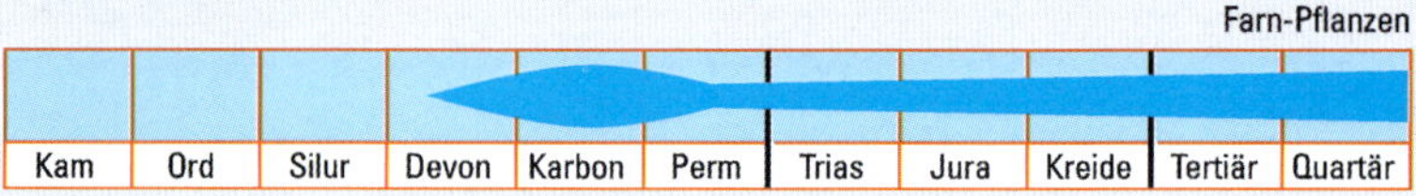

Die großen Blattwedel der **Farne** sind mit einer ausgeprägten Nervatur versehen. Sie stellen blattartige Sporenträger (Sporophylle) dar.

Farn-Basisblättchen (*Cyclopteris*) (4 cm), Karbon-Westfal D, Piesberg, Osnabrück, D. Hier in Talg mineralisiert (Gymbelit).

Fortschrittliche **Bärlappe** und **Farne** hatten schon im Oberdevon mit größeren (weiblichen) Megasporen und kleineren (männlichen) Mikrosporen (unterschiedliche Sporen = Heterosporie) einen ersten Schritt zur Entwicklung von **Samen** gemacht. Diese Pflanzengruppe wird als evolutionäre Vorstufe der Samenpflanzen zu den *Prospermatophyta* zusammengefasst.

3 ***Weissites pinnatifidus*** *(10 cm), Perm-Rotliegendes, Odernheim, D. Ein fruchtbares Fiederblatt, dessen Sporenbehälter (Sporangien) zu kapselartigen, bei der Reife aufspringenden Gebilden (Synangien) verwachsen sind.*

4 ***Pecopteris cyathea*** *(Breite 10 cm), Perm-Rotliegendes, Sobernheim, D, mit kaum zerteilten Blättchen, am Grund in ganzer Breite sitzend.*

1

2

3

4

Stamm Samen-Pflanzen *(Spermatophyta)*

Unter den **Samenpflanzen** werden die **Nacktsamer** *(Gymnospermae)* mit offen auf den Fruchtblättern liegenden Samenanlagen (Koniferen-Pflanzen und Cycadeen-Pflanzen) und die **Bedecktsamer** *(Angiospermae)* mit in Fruchtknoten eingeschlossenen Samen (Blütenpflanzen) zusammengefasst.

Unterstamm Koniferen-Pflanzen *(Coniferophytina)*

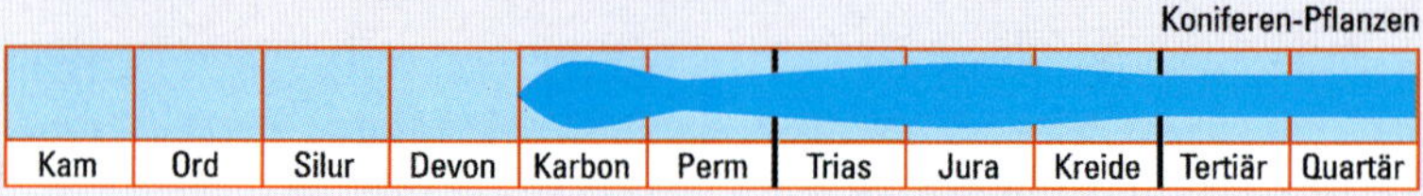

Hier sind jetzt die **Ginkgo-Pflanzen** eingeordnet. Heute gibt es nur noch eine Art *(Ginkgo biloba)*. Ihre fächerförmigen, fast paralleladrigen Blätter waren früher stark zerschlitzt.

Die Zapfen tragenden **Nadelhölzer** *(Pinatae)* mit nadel- oder schuppenförmigen Blättern treten verbreitet seit dem Perm auf. Bekannte Vertreter sind ***Walchia*** (Oberkarbon-Perm), ***Voltzia*** (Perm-Trias), ***Araucaria*** (ab Jura), die eigentlichen **Koniferen** (Tannen- und Kieferngewächse, seit Obertrias), **Zypressen** (ab Jura) und **Eiben** (ab Obertrias). Auch die Cordaiten-Bäume (⇨ Ausfalttafel Nr. 37) gehören als Nadelholzvorläufer hierher.

1 ***Ginkgo huttoni*** *(Blatt 4 cm breit), Jura-Toarc, Scarborough, Yorkshire, England; zerschlitzt.*

2 ***Ginkgo andiantoides*** *(Blatt 5,5 cm breit), Tertiär-Paläozän, Morton County, N-Dakota, USA.*

3 ***Walchia (Otovicia) hypnoides*** *(4 x 6 cm), Perm-Rotliegendes, Oberhausen, D, mit schwach gekrümmten Nadeln. Die Art zählt zu den entwicklungsgeschichtlich ältesten Koniferen.*

Araucaria und ***Voltzia*** (je 6 cm), zu Holzopal verkieselt. Trias-Keuper, Forchheim, D.

Unterstamm Cycadeen-Pflanzen *(Cycadophytina)*

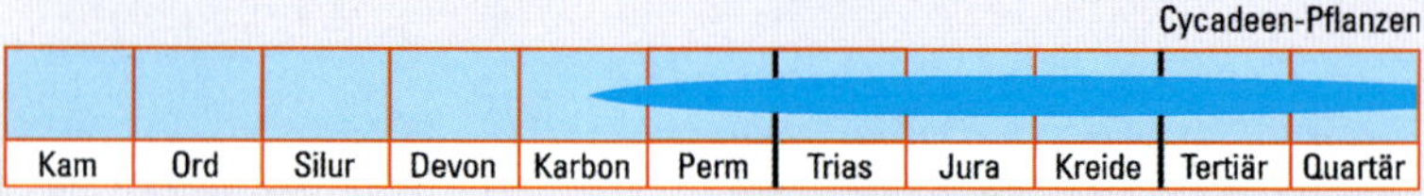

Bei den Cycadeen-Pflanzen sind neben den **Cycasgewächsen** und den **Bennettiteen** die im Karbon und Perm verbreiteten und noch bis zum Unterjura reichenden **Farnsamer** eingeordnet.

Die **Farnsamer** *(Pteridospermatae)* besitzen farnartige Wedel ohne Sporangien auf der Unterseite. Erst Stammfunde zeigen eine den Cycadeen-Pflanzen verwandte Holzstruktur *(Lygonodendron)*. Zu den Farnsamern zählen die dreifach gefiederten Wedel von ***Neuropteris, Sphenopteris*** und ***Callipteris***.

Neuropteris (4 cm), Karbon, Tschechien.

4 ***Sphenopteris richthofeni*** *(Wedel 3,5 cm), Karbon, Cladno, Tschechien, mit stark gegliederten, am Grund eingeschnürten Keilblättchen.*

5 ***Callipteris*** *(Wedel 30 cm), Perm-Rotliegendes, Sobernheim, D, mit locker stehenden Fiedern.*

1

2

3

4

5

Seit der Oberen Trias treten mit zylindrischem oder knollenförmigem Stamm und langen, gefiederten Blättern häufiger **Cycadeengewächse** auf. Diese sind Abkömmlinge der Samenfarne, die wegen ihrer Ähnlichkeit mit Palmen und Farnen auch als »Palmfarne« bezeichnet werden (⇨Ausfalttafel Nr. 53). Rezente Cycadeen gibt es noch in den Tropengebieten. Von der Obertrias bis zur Oberkreide wachsen baumgroße, cycadeenähnliche **Bennettiteen** mit mächtigen Fiederblättern und oft kugelförmigen Stämmen, an denen große Blüten mit kräftigen Blütenhüllen (Perianth) saßen (⇨Ausfalttafel Nr. 73). Sie nähern sich damit den bedecktsamigen Blütenpflanzen.

1 **Cycadeenfruchtblatt** ***Dionitocarpidium pennaeforme*** (8 cm), Trias-Lettenkeuper, Schleerieth, Unterfranken, D, einer der ältesten Cycadeenreste.

Unterstamm Blütenpflanzen *(Angiospermae)*

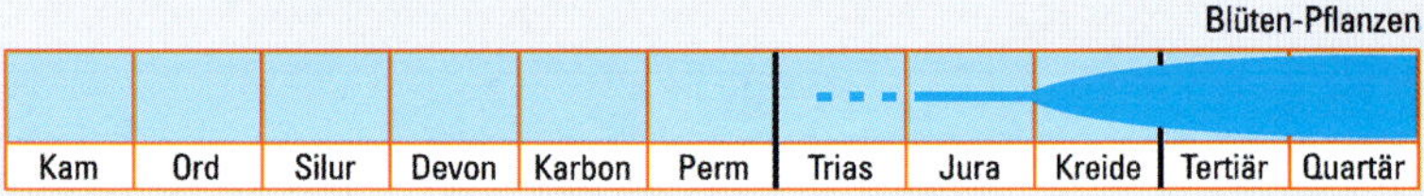

Die in der Mittelkreide (Alb) unvermittelt zahlreich auftretenden Blätter von **Bedecktsamigen Pflanzen** lassen den Ursprung der **Blütenpflanzen** schon im Perm-Trias vermuten. Aus dem Unterjura sind windverwehte Angiospermen-Pollen bekannt.

Pappelblatt ***Populus latior*** (6 cm), Tertiär-Miozän, Öhninger Blattschichten, Bodensee, D.

▷ **Wassernuss** ***Hemitrapa heissigii*** (4 cm), Tertiär-Miozän, Pfaffenzell, Bayern, D. Kommt noch in den Sumpfgebieten am Oberrhein, D, vor.

Fossile **Pflanzenreste** aus dem **Tertiär** findet man häufig in Braunkohlelagern, aber auch in tonigen See- und Sumpfablagerungen. Die Blätter, Samen, Blüten und Holzreste entsprechen meist heute vorkommenden Pflanzen. Ihre Zusammensetzung lässt auf die damaligen Klimabedingungen schließen.

2 ***Ahornblatt Acer trilobatum*** *(8 cm breit), Tertiär-Miozän, Öhningen, Bodensee, D.*

3 ***Blütenstand*** *(5,5 cm breit) mit Blättern, Tertiär-Miozän, Burtenbach, Bayern, D. (Artzugehörigkeit nicht bestimmt).*

1

2

3

Register

der Arten und Gruppen

A. = Ausfalttafel mit lfd.Nr.

Acanthalomina minuta 102
Acanthocerataceae 84
Acanthodes A.50
Acanthodes bronni 162
Acer trilobatum 180
Acrioceras 74
Acteonella 56
Acteonidae 56
Actinocamax plenis 90
Actinopoda 18
Actinopterygii 164
Aequipecten asper 38
Agnatha 156
Agnostida 94
Agnostus pisiformis 94
Ahorn 180
Allosaurus 168
Altammoniten 66, A.29
Amaltheus 78
Amaltheus margaritatus 78
Amia kehreri 164
Ammoniten 14, 58, 64, A.70, A.76
Ammonitida 72, 76
Ammonoidea 64
Amniota 168
Amphibia 166
Amphicyon 172
Amphiperca 3
Amphoracrinus gigas 140
Ampyx 102
Anaptychen 86
Anarcestes 66
Anarcestida 66
Anchura subpunctata 54
Ancyloceras A.76
Ancyloceratida 72, 74
Angiospermae 178, 180
Ankylosaurier 168
Annelida 94
Annularia A.35
Annularia stellata 176
Anomalodesmata 42
Antedon pennata 142
Anthozoa 22
Anthracomartus 104
Antiarchi 158
Antrimpos kiliani 107, 108
Aplacophora 32
Aptychen 86
Arachnida 104
Araucaria 178, A.62
Arcestes angustilobatum 70
Arcestes cheilostomus 70
Arcestes didymus 70
Archaeocyatha A.12
Archaeogastropoda 48
Archaeopteryx 170, A.65
Archimedes 118
Argonauta-Brutgehäuse 88
Arietites A.70
Arietites solarium A.70
Arisphinctes 82
Arisphinctes plicatilis 82
Aristocystites scutellatus 134
Armfüßer 120
Arthrodira 158
Arthropleura 114
Arthropoda 94
Arthroporiden-Segment 114
Articulata 94, 120, 142
Aspidoceras 64
Aspidura scutellata 144
Asteriacites lumbricalis 144
Asteroidea 144
Asterophyllites equisetiformis 176
Asteroxylon A.25
Asterozoa 144
Astralia palmata 28
Astrocoenia decaphylla 30
Astrodapsis arnoldi 146
Astropecten 132
Astylospongia 20
Ataxioceras 82
Ataxioceras hypselocyclum 82
Ataxioceras lothari 82
Atelostomata 150, 152
Athyris 126
Athyris concentrica 126
Atractites dubium 92
Atractites triadicum 92
Aturia morrisii 62
Aulacocerida 92
Aulopora 26
Austern 40
Austernschale 34
Austrialiceras irregular 74
Aves 170
Axosmilia cylindrica 28

Bactrites 64
Baculites 74
Balaniden 106
Balanus 106
Balteurypterus tetragonophthalmus 104
Baltheuryptus A.18
Bärlapp A.51
Bärlapp-Pflanzen 174
Bärlappvorläufer A.26
Basommatophora 56
Baumfarn A.43
Becherschwamm 20
Bedecktsamige Blüten-Pflanzen 178, 180
Belemnitella mucronata 90
Belemniten 58, 88
Belemniten-Phragmokon 88
Belemniten-Rostrum 88
Belemniten-Schlachtfeld 90
Belemnitentier A.68
Belemnitida 92
Belemnitina 92
Belemnoidea 88
Belemnopseina 92
Bellerophon 48
Bellerophontida 48
Bennettitales A.73
Betula A.92
Beudanticeras beudanti 84
Beutelstrahler 134, A.15
Beyrichia 106
Birke A.92
Birkenia elegans 156

Bivalvia 34
Bjuvia A.53
Blastoidea 134
Blattfußkrebse 108
Blutegel 94
Bödenkorallen 26
Borassus A.81
Bothriocidarida 148
Bourguetia saemanni 54
Brachiopoda 120
Brachiopode A.16, A.42
Brachybelus gingensis 90
Brachyura 112
Branchiosaurier 166
Branchiotremata 130
Breitflosser 104
Bryozoa 118
Bryozoe A.30
Buche A.93

Caenogastropoda 52
Calamiten 176, A.35
Calamites 176
Calceola sandalina 24
Calciata 120, 122
Callipteris 178
Calycoceras 84
Calymene nodulosa 98
Calyptoptomatida 92
Camerata 140
Campanile 52
Campanile giganteum 52
Caprinocolex alligimus 94
Cardites angusticostates 44
Carnosaurier 168
Carpinus A.93
Cassidulida 154
Cassis 52
Cassis megapolitana 52
Cellepora polytele 118
Cenoceras inornatum 62
Cenoceras striatum 62
Cepaea 56
Cephalaspidomorpha 156
Cephalaspis 156
Cephalopoda 58
Ceratites 68
Ceratites nodosus 68
Ceratitida 68
Ceratopsia 168
Ceraurus pleurexanthemus 102
Chama calcarata 44
Charniodiskus A.0
Chasmatopora bifurcata 118
Cheiloceras 66
Cheilostomida 118
Chelicerata 102
Chirotherien-Fährte 168
Chirotherium A.56
Chiton 32
Chlamis composita 38
Chlamis palmata 38
Chondrichthyes 158
Chondrites 16
Chondrostei 164
Chordata 156
Chordatiere 156
Cidarida 148
Cinnamomum A.82
Cirripedia 106
Cladiscites multilobatus 68
Cladiscites subtornatus 68
Cloudina A.03
Clymeniida 66
Clypeaster portentosus 152
Clypeasterida 152
Clypeus plotii 154
Coccolithen 18
Coccolithophoriden 18
Coccolithophyceae 18
Codaster 134
Coeloma incarinata 112
Coeloptychium rude 20
Coleoidea 88
Collembola 114
Collerites carinata 154
Conchifera 32
Confuciusornis sanctus 170
Coniferophytina 178
Conradella gracillima 48
Conularia 22
Conularien 22
Conulus subrotundus 152
Cordaiten-Bäume 178, A.37
Cordaites A.37
Coretus cornu 56
Cornaptychus 86
Coroniceras rotiforme 76
Coscinopora 20
Crania 122
Craniformea 122
Crassatella lamellosa 44
Cricoconarida 92
Crinoidea 136
Crinozoa 132
Crioceras 74
Crossopodia 16
Crussoliceras 82
Crustacea 106
Cryptostomida 118
Ctenodonta 36
Ctenostomida 118
Ctenostreon pectiniformis 36
Cubichnia 16
Cupressocrinites abbreviatus 138
Cyathophyllum planum 24
Cycadee A.53, A.61, A.73
Cycadeen-Fruchtblatt A.53
Cycadeen-Pflanzen 178
Cycadophytina 178
Cyclokorallen 28, 30
Cyclolites macrostoma 30
Cyclopteris 176
Cyclostomida 118
Cylindrophyma 20
Cymatorhynchia quadriplicata 120
Cypraea 54
Cyrtocrinus nutans 142
Cystoidea 134

Dachschädler 166
Dacryoconarida 92
Dactylioceras 78
Dactylioceras athleticum 78
Dactyloteuthis 90
Dadocrinus A.60
Dalmanitina 98
Danaeopsis A.54
Dattelmuschel = *Pholas 44*

Decapoda 108
Deinotherien 172
Deinotherium 172
Delphin A.97
Delphinus A.97
Deltocymatoceras leiotropis 62
Dendraster gibsii 152
Dendroidea 130
Dentalida 32
Dentalium 32
Desmocerataceae 84
Diadematoidea 150
Diademopsis crinifera 150
Diceras 42
Dictenocrinus A.20
Dictyonema 130
Dictyonema flabelliforme 130
Didymites quenstedti 70
Didymograptus 130
Dinosaurier 16, 168, A.55, A.66, A.75
Dinotherium A.83
Dionitocarpidium pennaeforme 180
Diplocidaris gigantea 148
Diploctoenium angusterimatum 30
Diplocynodon 168
Diplograptus 132
Diplograptus toernquisti 132
Diploporita 134
Dipnoi 162
Dipterus valenciennesi 162
Discinisca 122
Discinisca papyracea 122
Discoceratites intermedius 68
Discoscaphites conradi 74
Discotropites plinii 70
Domichnia 16
Dornhai A.87
Douvilleiceras mammillatum 74
Dreilapper 96
Drepanaspis A.31
Dusa monocera 110

Echinocorys sulcata 154
Echinocorys vulgaris 154
Echinocystida 148
Echinodermata 132
Echinoidea 146, 150
Echinolampas 11
Echinophaerites aurantium 134
Echinozoa 146
Echioceras raricostatum 76
Echynocorys A.79
Edaphosaurus A.46
Eiben 178
Eiche A.89
Einzeller 18
Eldonia A.07
Elefanten 172
Elephas primigenius A.95
Ellipsocephalus 100
Elrathia kingii 100
Encope tamiamensis 152
Encrinurus punctatus 98
Encrinus 138, A.60
Encrinus liliformis 138
Endoceras 58, 60, A.14
Entenmuscheln 106
Eoderocerataceae 78
Eomaia scansoria 170
Equisetophyta 176
Erdschildkröte 168, A.86
Eryon arctiformis 110
Estheria laxitexta 108
Estonioceras 60
Euechinoidea 150
Eugeniacrinus nutans 142
Eumalocostraca 108
Eumollusca 32
Euomphalus catilloides 48
Eurypterida 104
Eurypteriden-Spur 104

Farn-Pflanzen 176, A.54, A.74
Farnsamer 178
Favosites 26
Fenestella 118, A.30
Fichte A.91
Ficus conditus 54
Filicophyta 176
Fimbria lamellosa 44
Fischsaurier 168
Fischschädel-Lurch A.27
Fledermaus 9
Fleischflosser 162
Flexibilia 140
Fliege 116
Flügelschnecke 11
Flugsaurier 168, A.64
Fodichnia 16
Foraminiferen 18
Foraminiferida 18
Forbesiocrinus multibrachiatus 140
Fressbauten 16
Frösche 166, A.85
Frühmensch A.100
Fühlerlose 102
Fusulina 18

Gadila 32
Ganoidfisch A.49, A.58
Gastropoda 46
Gefäßpflanzen 174
Gehäusecephalopoden 58
Geinitzia A.72
Geoemyda A.86
Geoemyda ptychogastroides 168
Germanonautilus (Querschnitt) 62
Germanonautilus tridorsatus 62
Ginkgo andiantoides 178
Ginkgo biloba 178
Ginkgo huttoni 178
Ginkgobaum A.71
Ginkgoites A.71
Ginkgoites huttoni A.71
Ginkgovorläufer A.45
Gliederfüßer 94
Gliedertiere 94
Glycimeris obovatus 36
Glypticus hieroglyphicus 150
Gnatostomata 150, 152
Gogia A.11
Gogia spiralis 138, A.11

Gomphoceras 60
Gomphoceras inflatum 60
Goniatit 66
Goniatitida 66
Goniomyo literata 42
Goniophyllum 24
Gonioteuthis 90
Grabfüßer 32
Gradichnia 16
Grammysia 36
Graptolithen 130, A.19
Graptolithina 130
Graptoloidea 130
Gravesia 82
Gravesia gravesi 82
Greenops boothi 94
Gryphaea arcuata 40
Gryphaea dilatata 40
Gryphaea gigantea 40
Grypoceras obtusus 62
Gymnolaemata 118
Gymnospermae 178
Gyronema armata 48
Gyroptychius agassizi 157

Hadrosaurier 168
Hahnenkammauster 40
Haie 158
Hallucigenia A.06
Halysites 26
Handtierfährte A.56
Hastites subclavatus 92
Heliolites 26
Helminthoidea 16
Hemicidaris luciensis 150
Hemitrapa heissigii 180
Henkelotherium A.67
Henkelotherium guimarotae 170
Heterodonta 44
Heterostropha 56
Hexacorallia 28
Hexagonaria philomena 24
Hexanchus primigenius 160
Hexapoda 114
Hibolites hastatus 90
Hildoceras 78
Hildocerataceae 78
Hinterkiemer 56
Hippurites 42
Hippuritina 42
Höhere Krebse 108
Holasterida 154
Holectypida 152
Holectypus depressus 152
Holocystites scutellatus 134
Holopea 48
Holoptychius A.32
Holostei 164
Holothuroidea 146
Homo sapiens A.100
Hoplitaceae 84
Hoplites paronai 84
Hoploscaphites cheyennensis 58
Hornera reteporacea 118
Hybonoticeras 82
Hybonoticeras beckeri 82
Hydrobia 54
Hydrobia semiconvexa 54
Hydrocephalus A.10
Hydrocephalus minor 100
Hyolithen 92
Hyolithes 92
Hyphantoceras reussianum 74

Ichthiosaurus 168
Ichthyosauria 168
Ichthyostega A.27
Ichthyostegalia 166
Illaenus 100
Illaenus linarssoni 100
Ilymatogyra arietina 40
Inadunata 138
Inarticulata 120
Innenschalige Kopffüßer 88
Inoceramus A.78
Inoceramus schloenbachi 38, A.78
Insecta 114
Insekten 114
Insektenfährte 16
Insektenfresser 172
Irregulärer Seeigel 146
Irregularia 146
Isaura laxitexta 108
Isjuminella decorata 124
Isocrinus basaltiformis 136
Isurus 12, 158, 160
Isurus xiphodon 160

Jereica polystoma 18
Jovites bosnensis 70
Juralina insignis 128

Käfer 114
Käferschnecken 32
Kahnfüßer 32
Kamele 172
Kammerlinge 18
Kammmuscheln 38
Kethophyllum 24
Kieferlose Fische 156, A.31
Kieferträger 106
Knochenfische 162
Knorpelfische 158
Knospenstrahler 134
Konifere A.62, A.63, A.72
Koniferen-Pflanzen 178
Kopffüßer 58
Kosmoceras 11, 80
Kosmoceras ornatum 80
Krabben 112
Kragentiere 130
Krebse 106, A.58
Kriechspuren 16
Kriechtiere 166
Krokodil 168

Lacunosella trilobata 124
Laevaptychus 86
Lamellaptychus 86
Lamellibranchia 34
Landlungenschnecken 56
Latiphyllia suevica 28
Leioceras 78
Leioceras opalinum 78
Lepadiden 106
Leperditia gigantea 106
Lepidocentrus mülleri 148
Lepidodendron 174, A.33

Lepidodendron aculatum 174
Leptaena A.16
Leptaena rhomboidales 122
Leptonia konicki 30
Lesueurilla 48
Libelle 114, 116
Lichida 102
Limulus walchi 102
Lingula 122
Lingula tenuissima 122
Lingulata 120, 122
Liriodendron A.80
Listracanthus 162
Listriodon 172
Lithographus niersteinense 16
Lituites 60, A.13
Lituites lituus 60, A.13
Lobocarcinus 112
Lopha 40
Lopha marshi 40
Lungenfische 162
Lungenschnecken 56
Lurche 166, A.40
Lycophyta 174
Lyelliceras lyelli 84
Lytoceras fimbriatum 72
Lytoceras jurense 72
Lytoceratida 72

Machairodus A.96
Macrocephalites 80
Macrocephalites macrocephalus 80
Macrocephalites tumidus 80
Macrocrinus mundulus 140
Magnosia decorata 150
Malacostraca 108
Mammalia 170
Mammut-Backenzahn 172
Mammut-Stoßzahn 8
Mandibulata 106
Manticoceras A.29
Manticoceras cordatum 66, A.29
Mantonidium A.74
Marella A.05
Margarites bispinosi 68
Mecochirus longimanatus 110
Meduse A.09
Meganeura A.38
Megateuthis 90
Merostomata 102
Merycoidodon culbertsoni 172
Mesobelostomum deperditum 116
Mesophyllum maximum 24
Metacoceras A.48
Metacoceras artiense 62
Meyera rapax 106
Micraster 154
Microbrachis A.40
Micromelerpeton credneri 166
Microphyllia soemeringii 28
Microderoceras birchi 78
Millericrinus 142
Millericrinus mespiliformis 142
Milvus milvus A.94
Misburger Sonne 20
Mittelammoniten 66
Modocia typicalis 96
Mollusca 32
Monograptus chimaere 132
Monograptus spiralis 132
Monograptus triangulatus 130
Monograptus uncinatus 130
Moostierchen 118, A.30
Morone 164
Mosasaurier A.77
Muraenosaurus A.69
Muschelkrebse 106
Muscheln 34, A.41, A.78
Muschelschale 11
Myriapoda 114

Nacktpflanzen 174, A.22-25
Nacktsamer 178
Nadelhölzer 178
Nagetiere 172
Nannobelus acutus 90
Nautiliden 58, 60, 62
Nautilus 60, 86, A.13, A.14, A.48, A.99
Nautilus pompilius A.99
Neocephalopoda 58
Neognathae 170
Neopterygii 164
Neptunea contraria 46
Nerinacea 56
Nerinea 56
Nerinea pailletteana 56
Nerinea tuberculosa 56
Nerita 50
Nerita gigantea 50
Neritimorpha 50
Neritopsis 50
Neritopsis suprajurensis 50
Nesseltiere 22
Neuammoniten 66
Neuropteris 178
Nothosaurier 168
Nucleolites hugi 154
Nucula 36
Nuculoidea 36
Nummuliten 18

Odontaspis 160
Odontopleurida 102
Oecoptychius refractus 80
Ogygiocarella debuchii 100
Oligochaeten 94
Oolithus sphaeroides 168
Ophiopinna elegans 144
Ophiura texturata 144
Ophiuroidea 144
Opisthobranchia 56
Oppelia 78
Oppelia subradiata 78
Orbiculoidea 122
Oriostoma discors 46
Ornithella 128
Ornithischia 168
Orthida 124
Orthoceras 58, 60
Osteichthyes 162
Osteolepis A.32
Osteolepis macrolepidotus 162
Ostracoda 106
Ostrea deltoidea 40

Ostreida 40
Otarion ceratophthalmum 102
Otolithen 164
Otovicia hypnoides 178
Oxynoticeras oxynotum 76

Paarhufer 172
Pachylytoceras torulosum 72
Palaechinida 148
Palaeobatrachus A.85
Palaeocyclus porpita 24
Palaeoheterodonta 42
Palaeomeryx 172
Palaeoniscus A.49
Palaeoniscus freieslebeni A.49
Palaeotaxodonta 36
Palcephalopoda 58, 60
Paleryx 168
Pallinurina longipes 110
Palmyrapalme A.81
Paltechioceras hoffmanni 76
Panopaea 44
Panzerfische 158, A.28
Pappel 180, A.90
Paradoxides A.10
Parambonites 124
Parkinsonia 82
Parkinsonia parkinsoni 82
Pascichnia 16
Passaloteuthis paxillosus 90
Pecopteris A.43
Pecopteris cyathea 176, A.43
Pectinidae 38
Pectunculus obovatus = Glycimeris obovatus 36
Pedina 150
Pelycosaurier A.46
Pemphix A.58
Pemphix sueuri 108
Penaeus 108
Penaeus kiliani 108
Pentamerida 124
Pentremites 134
Pentremites godoni 134
Perichthyodes A.28
Perichthyodes milleri 158, A.28
Perischoechinoidea 148
Perisphinctaceae 82, 84
Perissodactyla 170
Perlboot = Nautilus A.99
Perle 34
Peronopsis interstrictus 94
Petrolacosaurus A.39
Pferd 170
Pflanzen 174
Phacopida 98
Phacops 98
Phacops rana crassituberculata 98
Pholas 44
Phragmolites gracillima 48
Phyllocarida 108
Phylloceras 72
Phylloceras heterophyllum 72
Phylloceratida 72
Phyllograptus angustifolius 132
Phymechinus mirabilis 150
Phymosoma 150
Picea A.91
Pikaia A.08
Pinacoceras metternichi 70
Pinatae 178
Placenticeras meeki 64, 84
Placodermi 158
Plagiostoma gigantea 36
Planorbarius = Coretus cornu 56
Plateosaurier 6
Plateosaurus 168, A.55
Platyceras 50, A.21
Platyceras niagarense 50, A.21
Platyclymenia 66
Platycrinites saffordi 140
Platysomus 164
Plegiocidaris cervicalis 148
Plegiocidaris coronata 148
Plesiosaurier 168, A.69
Plesioteuthis prisca 88
Pleuroceras 32, 78
Pleuroceras reichenbachense 78
Pleurocystites 134, A.15
Pleurolytoceras hircinum 72
Pleuromeia A.51
Pleuromya 42
Pleuromya elongata 42
Pleuroncoceras nodosum 60
Pleuropholis 164
Pleurotomaria 48
Pleurotomaria armata 48
Podozamites A.63
Podozamites lanceolatum A.63
Pollen 174
Polychaeten 94
Polyplacophora 32
Populus A.90
Populus latior 180
Porifera 20
Posidonia A.41
Praestriaptychus 86
Procarcharodon angustidens 160
Proctus laevigatus 100
Proetus 100
Proganochelys A.57
Propalaeotherium A.84
Propalaeotherium voigti 170, A.84
Propeamussium personatum 38
Prospermatophyta 176
Protista 18
Pseudaganides aganiticus 62
Pseudosciurus 172
Psiloceras planorbis 76
Psilocerataceae 76
Psilophyt 174
Psilophyta 174
Pteranodon 168, A.64
Pteraspidomorpha 156
Pteraspis 156
Pteridinium A.02
Pteridospermatae 178
Pteriomorpha 36
Pterocoma pennata 142
Pterocorallia 24
Pteronitella retroflexa 38
Pterosauria 168

Ptychoceras emericianum 74
Ptychopariida 100
Pulchellia 84
Pulmonata 56
Pygope dyphia 128
Pyrit-Ammonit 11

Quallen 22, A.09
Quastenflosser 162, A.32
Quercus A.89

Radiolarien 18
Radix socialis 56
Radstockiceras complanosum 76
Ranina marestiana 112
Rankenfüßer 106
Rastrites 132, A.19
Raubtiere 172
Regulärer Seeigel 146
Regularia 146
Repichnia 16
Reptilia 166
Rhabdocidaris nobilis 148
Rhabdocidaris princeps 148
Rhipidocrinites crenatus 140
Rhipidogyra costata 28
Rhizopoda 18
Rhombifera 134
Rhyncholithes 86
Rhynchonellida 124
Rhynchonelloidella alemanica 124
Rhynia maior A.24
Rhyniella 114
Riesenschlange 168
Ringelwürmer 94
Rochen 158
Röhrenatmer 114
Röhrenwurm 94
Rothpletzella-Algen 174
Rotmilan A.94
Rotuloidea fimbriata 152
Rugosa 24
Ruhespuren 16
Runzelkorallen 24
Rüsseltiere 172, A.83

Säbelzahnkatze A.96
Saccocoma pectinata 142
Salamander 166
Salpingoteuthis tubularis 90
Samen-Pflanzen 178
Sarcopterygii 162
Säugetiere 170
Säugetiervorläufer A.67
Saurier-Ei 168
Saurischia 168
Sauropterygier 168
Scaphopoda 32
Scaphotrigonia navis 42
Schachtelhalme 176, A.52
Schachtelhalm-Pflanzen 176
Schachtelhalmvorläufer A.35, A.36
Schalenträger 32
Schildkröten 168, A.57
Schizaster canaliferus 154
Schizoneura A.52
Schizophoria schnuri 124
Schizostoma catilloides 48
Schlangensterne 144
Schlotheimia germanica 76
Schlotheimophyllum 24
Schnecken 46, A.21
Schnirkelschnecken 56
Schreitfährten 16
Schriftsteine = Graptolithen 130
Schuppenbaum 174, A.33
Schwämme 20
Schwammnadeln 20
Schwamm-Vorläufer A.17
Schweine 172
Schwertschwänze 102
Sciadophyton A.23
Scleractinia 28, 30
Sclerocephalus haeuseri 166
Scyphocrinites 136, 140
Scyphomedusae 22
Seeanemonen 22
Seeigel 146, A.79
Seeigelartige 146
Seelilien 136, A.11, A.20, A.60
Seelilienartige 132

Seepocken 106
Seeskorpion A.18
Seesternartige 144
Seesterne 132, 144
Seewalzen 146
Seirocrinus subangularis 142
Selachii 160
Semionotus A.58
Serpula grandis 94
Siegelbaum 174, A.34
Sigillaria 174, A.34
Sinotubulites A.04
Sirenites striatofalcatus 70
Skorpione 104
Snidaria 22
Sonnenuhrschwamm 20
Spatangida 154
Spatangus purpureus 154
Spenopteris richthofeni 178
Spermatophyta 178
Sphaeraster scutatus 144
Sphaeronites pomum 134
Sphenobaiera A.45
Sphenophyllum 176
Spinnen 104
Spirifer 126, A.42
Spiriferida 126
Spiriferina 126
Spiriferina fragilis 126
Spiriferina pinguis 126
Spiriferina walcotti 126
Spiroceras orbigny 80
Spirula spirula 88
Sporadoceras 66
Sporen 174
Spriggina A.0
Springschwänze 114
Squalus A.87
Stachelhaie 162, A.50
Stachelhäuter 132
Stegocephali 166
Stegosaurier 168
Stegosaurus A.66
Steinkorallen 22
Steinschwamm 18, 20
Stelleroidea 144
Stenolaemata 118

Stenophlebia 116
Stephanoceras 80
Stephanoceras humphriesianum 80
Stephanocerataceae 80
Steppenelefant A.95
Strahlenflosser 164
Strahlentierchen 18
Striaptychus 86
Strigoceras 12, 78
Strigoceras truelli 78
Stringocephalus burtini 128
Strombus coronatus 54
Strophomena rhomboidales 122
Strophomenida 122
Stylina lobata 28
Stylocalamites A.36
Stylommatophora 56
Süßwasserkrebs A.47
Sutneria 82
Sutneria galar 82
Sutneria platynota 82
Synapsida 170
Syphocypraea problematica 54
Systoporida 118

***T**abulata* 26
Tausendfüßer 114
Taxocrinus stuerzi 140
Teleostei 164
Tellerschnecke 56
Teloceras 80
Temnocheilus bidorsatus 86
Tentaculites ornatus 92
Tentakuliten 92
Terebratula grandis 128
Terebratulida 128
Testudinata 168
Tetracorallia 24
Tetrapoden 166
Teudopsis 88
Thamnasteria 30
Thamnopora 26
Thecodontia 168
Theodoxus crenulatus 50
Thunnus A.98
Tiaradendron germinans 28
Tintenfische 58
Tornoceras 66
Tornoceras bilobatum 66
Tracheata 114
Trachyceras margaritosa 70
Trepostomida 118
Tribachidium A.01
Trigonia 42
Trigonia interlaevigata 42
Trilobita 96
Trilobiten 16, 94, 96, A.10
Triodus sessilis 158
Tropaeum drewi 74
Tropites bullati 68
Tulpenbaum A.80
Tunfisch A.98
Turmschnecken 11, 52, A.88
Turritella A.88
Turritella badensis 52
Turritella turris 52
Tylosaurus A.77
Tyrannosaurus A.75

***U**ncites* 126
Uncites gryphus 126
Unio eseri 42
Unpaarhufer 170
Urasterella asperula 144
Urbechertiere A.12
Urlibelle A.38
Uronectes A.47
Uronectes fimbriatus 110
Urorganismen A.01-08
Urpferd 170, A.84
Urreptil A.39
Urvogel 170, A.65

***V**accinites gosauviensis* 42
Valanginites nucleus 84
Velates 50
Velates schmiedeli 50
Vermiceras scilla 76
Vertebrata 156
Vierfüßer 166
Viminohelia seminuda 22
Viviparus 54
Viviparus suevicus 54
Vögel 170
Voltzia 178, A.44
Voltzie A.44

***W**alchia hypnoides* 178
Wasserlungenschnecken 56
Wassernuss 180
Wasserpflanzen 174
Wasserwanze 116
Weichtiere 32
Weidespuren 16
Weissites pinnatifidus 176
Wellensand 16
Wiederkäuer 172
Williamsonia A.61
Wirbeltiere 156
Wohnbauten 16
Wolfsbarsch 164
Wurmmollusken 32
Wurzelfüßer 18

***X**enacanthus sessilis* 158
Xiphosura 102

***Z**anthopsis vulgaris* 112
Zehnfüßerkrebs 107
Zehnfüßerkrebse 108
Zimtbaum A.82
Zoantharia 22
Zopffährten 16
Zosterophyllum A.22
Zypressen 178

Literatur

BEURLEN, K., LICHTER, G., Versteinerungen. Mosaik, München 1986. BROCKHAUS REDAKTION, Mensch, Natur, Technik, Vom Urknall zum Menschen, Leipzig, Mannheim 1999. KEUPP, H., Ammoniten, Thorbecke, Stuttgart 2000. KUHN-SCHNYDER, E., RIEBER, H., Paläozoologie, Thieme, Stuttgart 1984. LEHMANN, U., HILLMER, G. Wirbellose Tiere der Vorzeit, Enke, Stuttgart 1997. LEHMANN, U., Paläontologisches Wörterbuch, Enke, Stuttgart 1996. LICHTER, G., Fossilien bergen, präparieren, ausstellen; Geräte und Techniken, Franckh-Kosmos, Stuttgart 1989. LICHTER, G., Fossil collector's handbook, Sterling, New York 1993. MÄGDEFRAU, K., Paläobiologie der Pflanzen, Fischer, Jena 1968. RAVEN, EVERT, EICHHORN, Biologie der Pflanzen, Walter de Gruyter, Berlin, New York 2000. REICHHOLF, J., STEINBACH, G., Naturenzyklopädie Europas, Band 11 Evolution - Urgeschichte Europas, Mosaik, München 1992. TREATISE ON INVERTEBRATE PALEONTOLOGY, Moore (Editor), Geological Society of America, University of Kansas ab 1953. ZIEGLER, B., Allgemeine Paläontologie, E. Schweizerbart'sche Verlagsbuchhandlung, Stuttgart 1972. Die Zeitschrift FOSSILIEN im Goldschneck-Verlag, PF 1265, D71399, Korb, informiert den Sammler aktuell.

Der Autor **GERHARD LICHTER**, geboren 1925, Industriebetriebswirt und Dozent für Organisation und Bürotechnik, befasste sich seit 1970 sammelnd und wissenschaftlich mit Versteinerungen. Seine paläontologischen Kenntnisse vertiefte er bei den Professoren Karl Beurlen und Helmut Hölder. 1973 gründete er eine Geologievereinigung in Biberach. Er publizierte viele Text- und Bildbeiträge in Fachzeitschriften und Büchern, hielt zahlreiche Vorträge und leitete von 1979 bis 1997 paläontologische Wochenseminare.

Die Illustratoren:
FRITZ WENDLER, geboren 1941, gelernter Stahlstecher und Kartograph, gewann mit seinem umfangreichen zeichnerischen Werk zur heimischen Natur in wenigen Jahren internationale Anerkennung.

ANDREAS DAUENHAUER, geboren 1957, studierte an der Kunstakademie Stuttgart und ist heute als selbstständiger Diplom-Grafikdesigner und Illustrator tätig. Der Preisträger des internationalen Illustrationswettbewerbs eines Bundesministeriums trat in zahlreichen Kunstausstellungen an die Öffentlichkeit und wirkte bei vielen Publikationen und Büchern mit.

Der Herausgeber **GUNTER STEINBACH** studierte Bildende Künste, war ein Jahrzehnt im Verlagswesen tätig und lebt seit 1978 auf einem Einödhof im Allgäu, wo Gnadenbrotpferde gehalten werden.

Nachweis der Versteinerungen

Die abgebildeten Fossilien stammen aus den Sammlungen (A = Ausfalttafel):

Elisabeth Ewerdwalbesloh: S. 26 li-u; **Max Gießler:** S. 106 li-u, 131-1,3, 4, 132, 133-3; **Dr. Alfred und Joachim Hauser:** S. 25-5, 60 re, 100 re-u, 125-1, 126 re-o, 129-2, 139-3, 148 li; **Karl-Heinz Hilpert:** S. 19, 28 re, 39-3, 65, 67-1, 2, 75-3, 83-2, 90 li-6, 8,151-3, 4, 173-1, 4, A 29; **Reinhard Jadrniczek:** S. 66 re, 85-1; **Carin Kirsten:** S. 11-1, 35, 59-1, 66 li-u, 75-4, 83-6, 85-3, 95-6, 99-1, 103-1, 113-2, 141-1, 2, 3, 155-2, A 11; **Rainer Kratz:** S. 41-6, 80 li-o, li-u, 87-2, 90 li-4, 5; **Reinhard Kuhn:** S. 9, 23, 28 li, 29-1, 2, 3, 4, 5, 31-1, 43-1, 53-4, 55-2, 87-1, 103-3, 110-u, 111-1, 2, 3, 4, 116-u, 143-1, 2, 4, 145-2, 148 re, 149-1, 2, 3, 4, 165-2, 171-1, 172 li-o, li-u, 173-2, 180 re, 181-3; **Heilwig Leipnitz:** S. 25-6, 36 re, 61-2, 125-2, 175-1, 179-4, A 16; **Rudolf Laqua:** S. 17-2, A 49; **Gerd H. Leichter:** S. 13-5, 21-4; **Prof. Rupert und Helmut Lenzenweger:** S.11-2, 30 li-o, li-u, re, 31-2, 3, 42 li-u, 56 re, 62 li-mi, 68 re, 69-2, 3, 4, 70 o, u, 71-1, 2, 3, 4, 5, 75-1, 93-1; **Sammlung Gerhard Lichter:** S. 3, 11-3, 4, 5, 13-1, 2, 3, 4, 15-1, 2, 17-3, 4, 5, 18, 20, 21-1, 24 li, 25-1, 3, 26 li-o, 27-1, 3, 32 li, re, 33, 37-1, 2, 3, 4, 38 li, 39-2, 40 li, re-o, 41-1, 2, 3, 4, 5, 43-2, 3, 4, 44 li-o, li-u, 45-1, 49-1, 5, 6, 50 li, re-u, 51-1, 2, 53-3, 54 li-o, li-u, 55-1, 3, 4, 5 ,6, 56 li, 57-1, 2, 3, 4, 60 li, 62 li-o, li-u, 63-1, 2, 3, 4, 64, 66 li-o, 68 li-u, 72 li-o, li-u, 73-1, 2, 3, 4, 74 li-o, li-mi, 75-5, 6, 76 li-o, li-u, re, 77-1, 2, 3, 5, 6, 78 li, re, 79-4, 5, 81-1, 2, 3, 4, 5, 6, 82 li-o, li-u, re, 83-3, 4, 5, 84 re-u, 85-2, 86 re, 87-3, 4, 88 li, re-o, re-u, 89-1, 2, 3, 90 li-1, 7, re, 91-1, 2, 3, 92, 95-1, 2, 3, 4, 5, 97, 98 re-o, 100 re-o, 101-1, 102 li, 104, 105-1, 108 li-u, 109-1, 2, 112 li-u, re, 113-4, 117-1, 2, 3, 4, 119-1, 2, 4, 121-1, 2, 123-2, 124 li, 125-3, 4, 126 re-u, 128 li-o, li-u, re-o, re-u, 129-1, 133-1, 2, 4, 135-1, 3, 138, 139-1, 142 li, re, 143-3, 144 li, re,145-1, 4, 146, 147, 150 re-u, 151-2, 152 li, re, 153-1, 2, 3, 4, 5, 154 li, re, 155-1, 3, 4, 5, 6, 160 re-u, 161-2, 162, 163-2, 165-1, 166 li, 169-3, 4, 172 re, 175-3, 4, 176 li, re-li, re-re, 177-1, 178 re-o, re-u, 179-1, 2, 180 li, A 18, A 32, A 35, A63, A 70, A 71, A 78, A 99; **Dr. Thaddäus Liske:** S. 79-6, 90 li-2; **Günther Marticke:** S. 15-3; **Gerhard Müller:** S. 49-2, 61-3, 75-2, 84 re-o, 93-3, 99-2, 106 li-o, 137; **Axel Paulsen:** S. 22, 25-2, 4, 27-2, 39-1, 45-2, 47, 48 li-u, 49-3, 52 li, re, 58 li-o, 59-2, 3, 61-1, 68 li-o, 79-3, 84 li, 98 re-u, 100 li, 103-2, 113-1, 123-3, 4, 135-2, 4, 141-4, A13; **Harald Prescher:** S. 67-4, 139-4; **Horst Schmid:** S. 150 li; **Harald von Seherr-Thohs:** S. 67-3, 136, 140 re; **Emil Stanke:** S. 83-1, 90 li-3; **Klaus Thoma:** S. 7, 150 re-o; **Karl Wiedmann:** S. 16, 42 re-u, 62 re-o, re-u, 86 li, 123-1, 145-3; **Paläontologisches Museum Nierstein, Arnulf und Harald Stapf:** S. 17-1, 6, 21-2,3, 24 re, 27-4, 5, 38 re, 39-4, 44 re, 45-3, 4, 46 li, 48 li-o, 49-4, 53-1, 2, 54 re, 61-4, 69-1, 74 u, 79-2, 85-4, 93-2, 98 li, 99-3, 101-2, 3, 102 re, 105-2, 106 re, 107, 108 li-o, 110 li-o, 113-3, 114, 115, 116 li-o, 118, 119-3, 126 li, 127-1, 129-3, 131-2, 139-2, 140 li, 151-1, 156, 157, 159-1, 2, 160 li-o, li-u, re-o, 161-1, 3, 163-1, 3, 164 li, 165-3, 166 re, 167, 171-2, 3, 173-3, 174, 175-2, 177-2, 3, 4, 179-3, 5, 181-1, A 10, A 21, A 28, A43, A53, A60, A80, A89; **Museum Allerheiligen Schaffhausen:** S. 42 o, 50 re-o, 77-4, 79-1, 181-2; **Museum Biberach/Riß:** S. 127-3, 158; **Museum Crailsheim:** S. 127-2; **Museum Geiseltal Halle/S.:** S. 168, 169-5, 6, 171-4, A 84; **Naturkundemuseum Stuttgart:** S. 6, 169-1, 2.

STEINBACHS NATURFÜHRER:

Klaus Richarz: LANDVÖGEL

Bruno P. Kremer: BÄUME

Bruno P. Kremer: WILDBLUMEN

H. Bellmann: SCHMETTERLINGE

Helmut und Renate Grünert: PILZE

O. u. U. Medenbach: MINERALIEN

Andreas Schulz: STERNE

Heiko Bellmann: INSEKTEN

B. P. Kremer: STRAUCHGEHÖLZE

Anne Puchta: WASSERVÖGEL

Uwe Hartmann: SÜSSWASSERFISCHE

Gerhard Lichter: VERSTEINERUNGEN

Klaus Richarz: SÄUGETIERE

Xaver Finkenzeller: ALPENBLUMEN

Projektleitung, Bildredaktion, Buchgestaltung und DTP: Gunter Steinbach
Textredaktion: Dr. Helga Hofmann, Umschlag: Heinz Kraxenberger
Reproduktionen: Artilitho, Druck: Alcione, Bindung: Ecoprint, alle Italien

ISBN 3-576-11481-5

Printed in Italy